最新版 図解 知識ゼロからの林業入門

東京農業大学 教授
関岡東生 監修

育林
加工
流通
歴史
制度
森の活用

家の光協会

はじめに

本書はタイトルのとおり、林業という産業にスポットライトを当てて制作したものです。林業は、もうからない産業として「斜陽産業」の代表のようにいわれたり、危険で、汚くて、きつい、いわゆる「３Ｋ」労働の典型例といわれたりもします。しかし、人と自然の関わりについての再検討や、地球規模での環境問題の解決が望まれる今日、自然環境を生かした林業は、きわめて重要な産業として世界中の注目を集めつつあります。

ただし、こうした期待に充分に応えるためには、これまでの林業のあり方を問い直す必要もあります。具体的には、日本においては戦後の復興期や高度経済成長期、そしてバブル経済期のような消費の膨張に支えられた林業からの脱却です。人類は有史以来、自然資源を利用してきており、特に森林に恵まれた日本では、林業は古来より歴史を紡いできた重要な産業です。現在、日本の森林資源はかつてないほど充実していますが、それを人々の生活に活かし、持続可能な森林資源の利用を図っていくためにも、近現代以前の林業の価値を再認識する必要があるのです。日本林業はまさにいま、転換点にあるといっても過言ではないでしょう。

本書では、まず第1章において、林業とはそもそもどのような産業なのか、また、現在どのような状況にあるのか概観しています。第2章では、林業において資本や労働の対象となる森林・樹木について整理しています。第3章では、日本の典型的な育林・伐出の過程をたどりながら林業における生産の流れについて、第4章では、林業が生産した丸太を木材に加工する林産業について解説しています。第5章では、林業・林産業をときには支え、ときには翻弄してきた森林政策（林政）について、その歴史的変遷を追っています。第6章では、今日的な林業のあり方を模索するために、すでに開始されている丸太生産以外の多様な取り組みを紹介します。この章で取り上げたいくつかの例は、まだ林業の一部をなすものとしての社会的な共感を得るには至っていませんが、これからの林業を考えていくうえで参考になるはずです。そして、第7章では、すでに取り組まれている先進例や新たな制度、それらの課題・模索について解説しています。

本書の大きな特徴は、欄外に設けた豊富な用語解説です。これは、本書の執筆陣を中心とするメンバーで制作した『第五版 森林総合科学用語辞典』（東京農大出版会 2023年）から引用・抜粋したものです。本書で紹介しきれない森林・林業にまつわる用語・事項についての解説は、こちらを参照してください。

なお、本書は2016年に発刊した『図解 知識ゼロからの林業入門』の改訂版です。旧版は、望外に多くの方々に手にとって頂くことができましたが、発刊から7年が過ぎ、この間の新たな動向をお伝えすることが困難になってしまいました。そのため、今回の改訂では、林業界の新たな動きを盛り込み、必要な情報の更新を行いました。本書を入り口として、多くの人々に林業への理解・関心を深めて頂ければ幸いです。

2023年6月

関岡 東生

もくじ

第4章 林産業を知る～木材を加工・消費する……103

第5章 日本林業と林政の歩み……123

第6章　木材だけではない森林からの恵み

第7章 これからの林業の可能性と課題を知る

第1章

いま林業が注目されるわけ

1 人と森林の多様で密接な関係

近代以降に形成されてきた「林業＝人工林」のイメージ

本書の主要なテーマは「林業」です。「林業とは何か？」をひと言で表すことはなかなか難しいのですが、ここではとりあえず、「木材をはじめとする森林からの恵みを人々が受け取るための営み」としておきます。**人工林**でスギ・ヒノキ・カラマツなどを育て、それらを建築材料として利用する。これが、多くの人々が思い浮かべる、わが国における典型的な林業のイメージでしょう。

明治期に入ると、わが国の人口は爆発的に増加し、市場経済が国中に浸透し、生活の欧米化が進みました。戦争や大きな自然災害などもたびたび発生し、それらに対応するために大量の木材の安定的な供給が求められるようになりました。ある程度計画的に生産することが可能で、しかも成長の早い樹種を中心とした人工針葉樹林による木材生産が強く求められることとなりました。こうした傾向は、高度経済成長期にはさらに顕著なものとなります。

スギ・ヒノキ・カラマツを中心とする人工林林業のイメージは、こうした近現代の歴史の中で私たちの脳裏に刻まれ、定着するようになったといえるでしょう。

人工林による木材生産を中心とする林業については、様々な面から批判されていることももちろん承知しています。しかし、そうした林業のおかげで、多くの人々が飢えず、凍えず、荒まずに生活を送ることができるようになったということも忘れてはならないことでしょう。

森林は自然環境として重要な場

「自然環境」というと、人間とは無関係なものとし

用語
人工林
↓52ページ

て思い浮かべる人もいるかもしれませんが、そうではありません。

　当たり前のことですが、私たち人間も生物ですので、自然環境から種々の影響を受けながら、自然環境の中に生き、そして自然環境に変化を与えながら暮らし、世代を重ねています。林業の生産現場となる森林は、このような自然環境の重要な一形態として存在します。

　森林は、ほかの自然環境と同様に、多種多様な生物が、大気や水、岩石（鉱物）などの無生物と、たがいに関係し合うことで形成されています。こうした自然環境が生み出す機能（「生態系サービス」ともいいます）は、**生物多様性**の維持や酸素の供給などをはじめ、多岐にわたって私たちの生活を支えてくれています。

森林からの恵み「林産物」

　森林から生産・採取される、人間にとって有用な産物を総称して「林産物」と呼んでいます。林産物のうち、建築用材・紙パルプ用材・**合板**用材などに用いられる木材は、特に「一般林産物」と呼ばれますが、そのほかにも「特用林産物」と呼ばれる一群があります。木材を除く林産物の総称です。キノコ類・クリ・クルミなどの樹実類、漆・木ろうなどの樹脂類、ワラビ・ワサビ・タケノコなどの山菜類、オウレン・キハダなどの薬用植物、竹・木炭、薪・**樟脳**《しょうのう》など、多彩な産物を指します。

　一般林産物については、現在ではスギ・ヒノキ・カラマツが多くを占めていますが、かつては広葉樹を含め、実に多様な樹種を暮らしに活用してきました。

　「温故知新」という言葉が示すように、もう一度そうした過去の利用の仕方を思い起こし、一律的ではない林産物の需要の途を探っていくことも、現在の林業を考えるうえで大切になっています。

洪水や海岸からの砂害から人々の暮らしを守る

　森林は、私たちの生活の安全にも大きな役割を果

生物多様性
→144ページ

合板
→111ページ

樟脳
クスノキの幹・根・葉を蒸留し、その液を冷却することで得られる無色透明の結晶。防虫・防臭剤・火薬・医薬品等に使用。

たしています。

日本は急峻な山々から形成される山岳地形を特徴としています。オランダの水利学者であり、明治政府が招聘《しょうへい》した「お雇い外国人」の1人でもあるヨハネス・デレーケは、「日本には川がない」という趣旨の言葉を残しています。これはヨーロッパの平野部に流れるような、よく観察しなければどちらが上流かわからないような河川を基準とすると、「日本にあるのはすべて滝である」という意味だったようです。

このデレーケの言葉に象徴されるように、狭隘《きょうあい》な国土の多くが急峻な山岳地形から構成され、そこを流れる河川の水流は平時でも急です。河川は山を削りながら流れますので、ひとたび大雨に見舞われれば、濁流にのみこまれ、あるいは地すべりによって埋め尽くされ、苦心して耕した田畑も、家族の歴史を紡いできた家屋も失うこととなります。

また、日本は海に囲まれた島国でもあります。絶えず海から吹きつける風は、大量の砂を運び、人々の生活をのみこんでいきます。

森林が、こうした自然の猛威を緩和し、私たちの生活を守ってくれる存在であることは、古くから理解されてきました。各地に残される地域の記録には、こうした森林や、森林を守り育てることに尽力した恩人の功績をたたえるものが少なくありません。

森林との関わりから生まれる文化や信仰

一方で、ときに森林は自然の猛威を振るい、私たちの生活を苦しめることがあります。例えば、大雨の際の濁流《だくりゅう》に風倒木や枯れ木が流され、人身や家財に被害を与えることもあります。また、森林は私たち人間ばかりではなく、ほかの多くの生物も育てますので、そうした生物が私たちを悩ませることもあります。クマ、イノシシ、サルなどから受ける人的被害や農林業被害も、その1つでしょう。

そうした正負両面にわたる、長い歴史の繰り返しのなかで、私たちの物事に対する考え方や生活の方法（様式）なども形成されてきました。

深刻な野生動物被害に悩む山村の住民が、一方ではなぜか野生動物をかわいいと思って餌をやってしまうという、矛盾するような行動をとることがあります。

　これは、自然の恵みに生かされ、そして同じ自然から何らかの被害を受けるという、自然環境と人間との多様な関係性が内在しているということにほかなりません。古人たちが神の存在を信じ、同一の神の中に和やかな面と荒ぶる面の両面をみたことにも通じるのでしょう。こうした自然を畏敬するということから生まれる考え方や感情は、地域に祭を生み、生活の規範を形づくり、他者を認め、思いやる文化を育ててきました。

　単に木材という物を生産するだけではなく、国土を保全し、文化の形成にも関与する。それが林業という営みの本質です。経済成長のみを追い求める時代の林業ではなく、私たちが生きていくうえで必要な、総合的な取り組みとしての林業を模索すべき時代を迎えています。

人と森林の多様な関わり

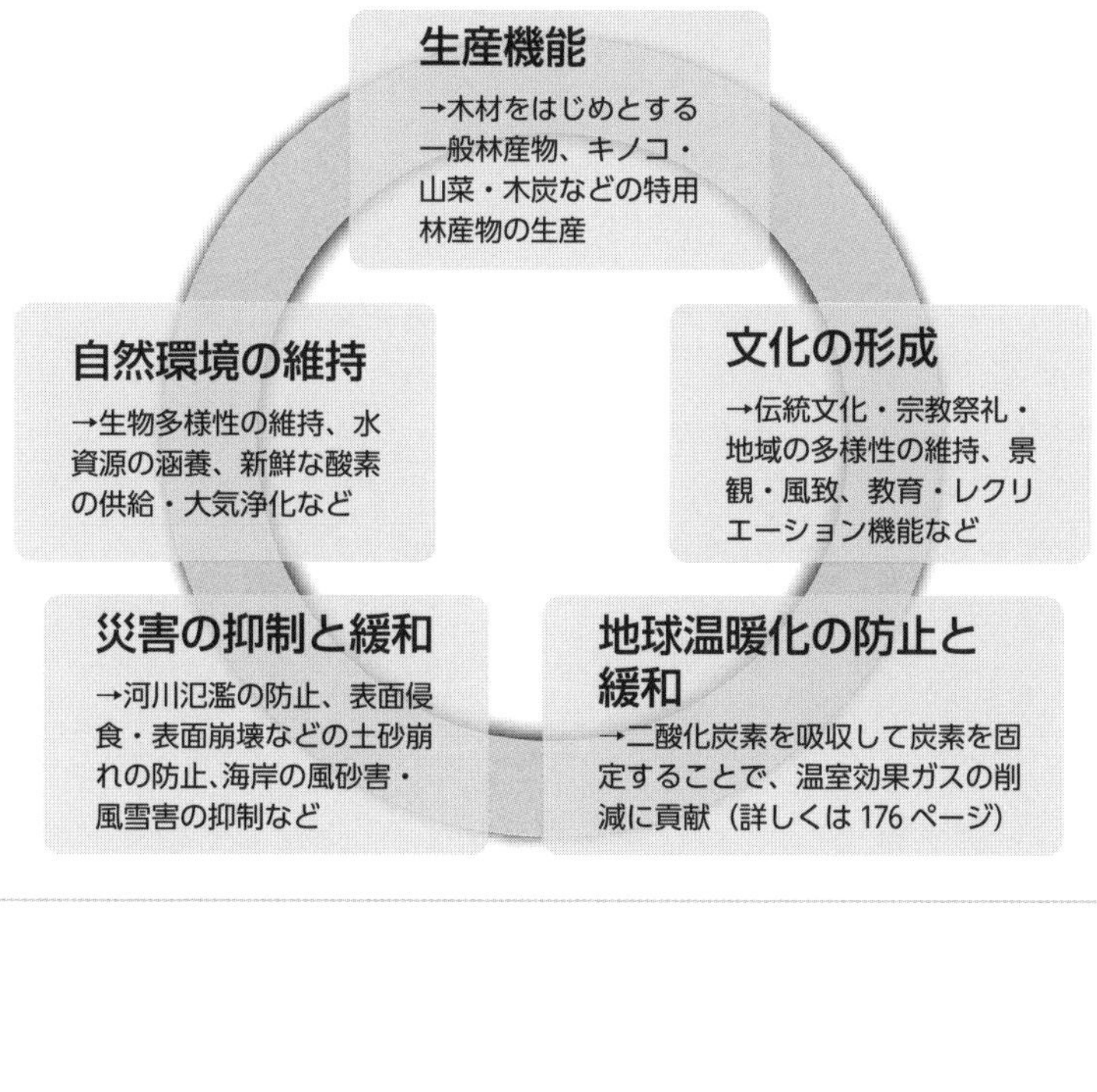
生産機能
→木材をはじめとする一般林産物、キノコ・山菜・木炭などの特用林産物の生産
自然環境の維持
→生物多様性の維持、水資源の涵養、新鮮な酸素の供給・大気浄化など
文化の形成
→伝統文化・宗教祭礼・地域の多様性の維持、景観・風致、教育・レクリエーション機能など
災害の抑制と緩和
→河川氾濫の防止、表面侵食・表面崩壊などの土砂崩れの防止、海岸の風砂害・風雪害の抑制など
地球温暖化の防止と緩和
→二酸化炭素を吸収して炭素を固定することで、温室効果ガスの削減に貢献（詳しくは 176 ページ）

2 「森林国」日本

日本は国土の約7割を森林が占める

総務省統計局によれば、日本の総国土面積（2023年現在）は約3800万haで、このうちの約2500万haを森林が覆っています。割合にすると約7割もの面積が森林によって占められているということになります。この、国土面積に占める森林の割合を「森林率」といいますが、日本は、世界の中でもきわめて高い森林率を誇る国なのです。

2020年の国連食糧農業機関（FAO）の統計では、日本は、先進国の中では、フィンランド、スウェーデンについで世界第3位の森林率となっています。一般的に、ドイツやスイスといった国は森林が豊かな国というイメージがあるかもしれません。しかし、実際には森林率は世界標準に近い約3割にすぎません。

狭い面積ながら多様な森林が育まれている

日本は、よく小さな狭い国だといわれます。国土面積からいえば、けっして間違いではありません。しかし自然に注目すると、とても幅広い特徴をもった国として理解する必要があることに気がつきます。北は亜寒帯から、南は亜熱帯まで、標高は海抜0mから、富士山の3776mまで国土が広がっています。この広がりは、大陸に肩を並べるほどの自然の多様性が存在していることを示しています。

こうした特徴は、様々なタイプの森林を生み出します。常緑針葉樹が優占する北の森林から、ブナに代表される落葉広葉樹林、シイやカシなどの**照葉樹林**、沖縄等のマングローブ林と、きわめて多彩な森林が日本には存在し、それぞれの森林にはそれぞれに特徴的な生態系が展開しています。

用語

照葉樹林 ↓40ページ

また別の観点から森林をみてみましょう。それは、その森林が自然の力で成立したものなのか、人間の営為によって成立したものなのかという分類です。前者を**天然林**、後者を**人工林**と呼びます。

人工林は、植栽や保育作業などの人為によって成立した森林ですが、総森林面積の約4割に当たる約1000万haを占めています。

天然林を含む人工林以外の面積は、総森林面積の約6割に当たる約1500万haを占めています。長い歴史の中で、人間による利用が進んだところは人工林になっており、まとまった天然林は一般に高標高地や離島など、人々の利用が困難なところに残されているのが現状です。

日本において森林とひと言でいっても、自然の植生からも、また人の手が入っているもの・入っていないものと、ひじょうに多種多様です。日本の森林を守る・利用するということを考えるには、森林の特徴を1つ1つつかみ、それぞれに適した方法を考える必要があるということなのです。

1人当たりの森林面積は意外と少ない

1国の森林面積を、その国の総人口で割った値を「国民1人当たり森林面積」といいます。ある国の森林について、その豊かさや持続性などを評価する際に有効な指標となる値です。

日本は森林に恵まれた国ではありますが、国土面積に比して人口の多い国のため、1人当たり森林面積を計算すると約0・2ha／人ととても小さな値となります（世界平均は約0・6ha／人）。これは、木材など森林からの恵みを享受しようとした場合、1人1人が受け取ることのできる量が少ないということを示しており、加えて、無計画な伐採や開発を行った場合には瞬く間に森林が破壊され、荒廃してしまうということを示しています。

しかし一方では、国民1人1人が森林を守り育てようとするアクションを起こすと、諸外国に比べて1人の力でできる役割が大きいということでもあります。

天然林 →52ページ
人工林 →52ページ

森林面積の推移

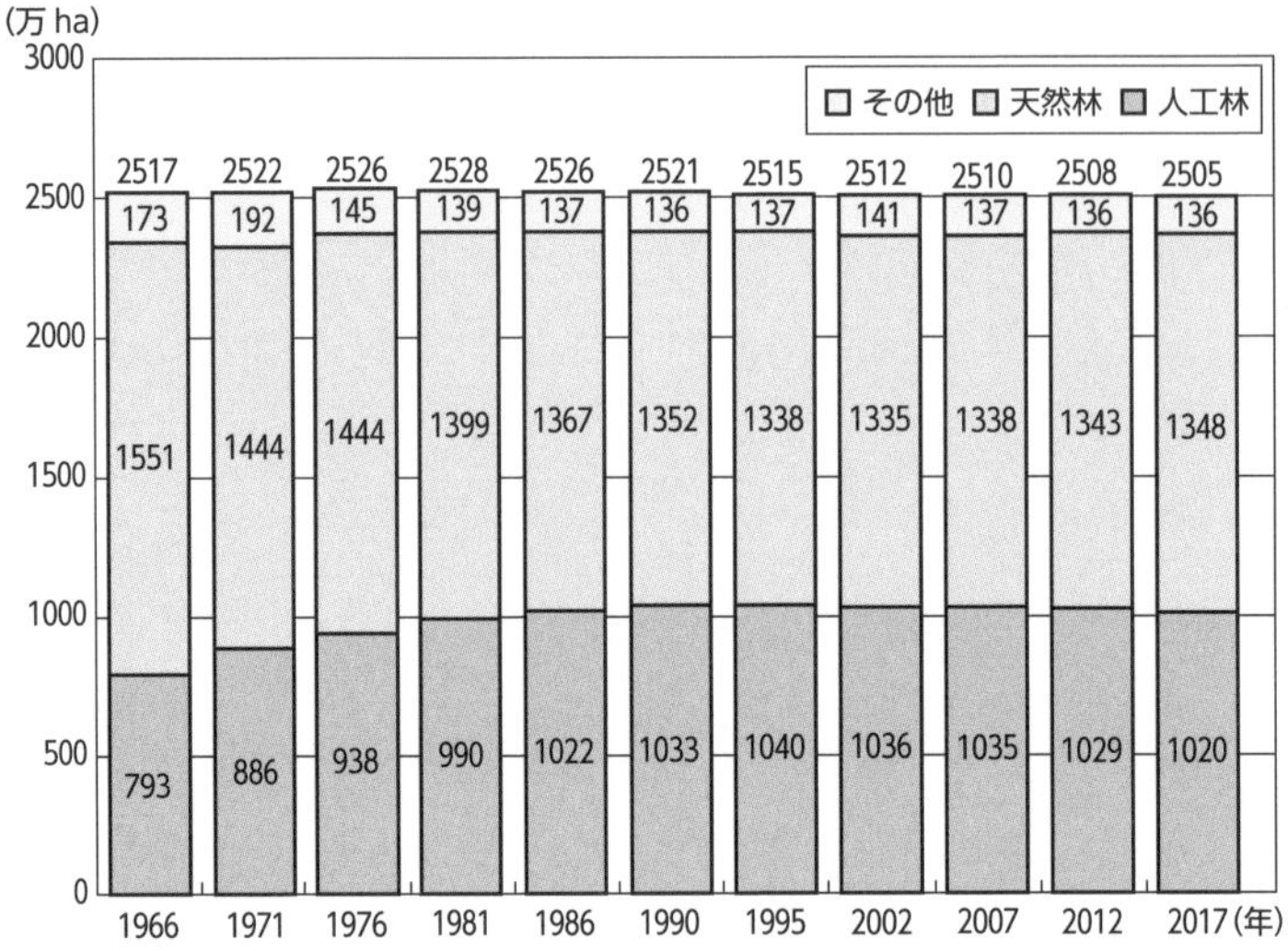

資料：林野庁 HP

主な国の国民１人当たりの森林面積

国名	１人当たり森林面積（ha）	森林率（%）
カナダ	9.3	34.1
オーストラリア	7.1	19.4
フィンランド	4.2	72.9
スウェーデン	3.1	68.7
アメリカ合衆国	1.0	33.2
マレーシア	0.8	62.3
インドネシア	0.4	52.1
日本	0.2	68.5
イタリア	0.2	31.1
ドイツ	0.1	31.8
世界計	0.6	31.0

資料：FAO「The Global Forest Resources Assessment 2010」

3 農業と林業

農業と林業との違い

人間が、自分たちの生活のために有用な生物を育て、その生命を奪い、利用に供する営みを広い意味で「農業」と呼びます。そして、林業もその一分野として数えられることがあります。

では、農業と林業の決定的な違いはどこにあるのでしょうか。農業も林業もきわめて多彩な姿をみせる営みですが、ここでいう農業は、米や野菜を作るような典型的な農業を念頭に、また、林業についても、建築資材の生産を行う木材生産業としての林業を念頭に置くこととします。

農業も林業も、労働が投じられる主な対象は植物です。何もない土地に種をまいたり、苗を植えたりして植物を育成します。この点では、どちらも同じ行為によって生産物を得ているのですが、この人間の働きかけを自然界の変化に見立ててみると大きな違いがあることに気づきます。

時間の経過とともに環境などが変化することによって、植物群落の在り様が変化する現象を「植生遷移（42ページ）」といいますが、典型的な農業は、植生遷移のごく初期の段階である草原を仕立て、その草原の姿が変わらないように遷移をストップさせる行為が主体となります。それに対して、典型的な林業では、人手が加わらなければ成立に数百年、あるいはそれ以上の年月が必要な、植生遷移の最終段階である高木林をごく短時間（それでも数十年）で仕立てる行為が主体となります。

簡単にいうと、農業では遷移をストップさせ、林業では遷移をスピードアップさせる。この点が農業と林業の技術上、最も大きな違いなのです。

林業に欠かせない2つの工程

一般に日本では、林地に樹木の苗木を植えてから伐採に至る工程を林業と総称しています。詳しくは第3章で説明しますが、苗木を植栽して、下刈り・間伐・枝打ちなどの作業を経て、伐採可能な長さ（高さ・樹高）にまで育てる工程を「育林生産過程」と呼んでいます。そして、十分に成長した樹木（林木）を伐採し、運び出す工程を「伐出生産過程」または「素材生産過程」と呼びます。

それぞれに求められる技術が異なることなどから、育林生産過程は森林所有者が担い、伐出生産過程は製材業者などが担うことが多く、それぞれに特徴ある歴史を歩んできています。

一方、農業では出荷作業を共選所などに委ねる場合はありますが、種まきや苗の植えつけ、灌水や摘果などの管理作業、そして収穫作業と、一連の作業として同じ人が行うことが一般的です。

生産サイクルの長期性

つい先ほど、植生遷移をスピードアップさせるのが林業だと紹介したばかりですが、それでもやはり、ほかの産業に比べると、ひじょうに長期性があるのが林業の特徴です。植林を開始してから樹木を伐採して収益を上げるまでに数十年、あるいはそれ以上の時間がかかってしまう産業は、ほかにはあまりみられません。

長い年月の間には、大きな自然災害を何度も耐えきり、病虫害などとの戦いを生き抜くことが必要です。また、樹種・長級（長さ）・径級（太さ）などについて、どのような木材が、何十年も後の市場に要求されるのかを予測することは不可能に近い難問です。「おじいさんが植えた木を孫が伐る」といわれるほどの時間の経過の中で、生産者が生産意欲を失わずに、次世代へのバトンタッチがうまくいくかどうかも大問題です。

自然環境の変化と正面から向き合い続け、自分の代では完結しないような長期の作業に挑んでいく。何でも効率性が幅を利かせる現代社会において、いまでも林業ではこうした世代を超えた営みが続けられているのです。

農業と林業の一般的な違い

	農業	林業
育てるもの	**植物** 主に草（野菜、花、穀物）、樹木（果樹類）	**植物** 特用林産物を除き、主に樹木
植生遷移への働きかけ	**ストップさせる**  草原の状態を保つ（果樹園なら草原＋低木の状態を保つ）	**スピードアップを図る**  高木林が生える状態まで遷移を進める
生産サイクル	**数か月から数年**	**数十年から100年以上**
生産過程	**栽培管理・収穫は一連の過程** 同じ人（農家）が行うのが一般的	**育林と伐出の２段階に分かれる** 育林生産過程は森林所有者、伐出生産過程は製材業者など

4

日本の林業地

農業に適さない耕境外に広がる林業地

わが国において林業（特に育林生産過程）はどこで営まれているのでしょうか。

「耕境《こうきょう》」という概念があります。集落（消費地）を中心として、それ以上集落から離れたところで農産物を作っても経済的に採算が合わなくなる距離をつないだラインを指します。収穫してから消費までに時間がかかりすぎては作物によっては食味が変わってしまったり、腐らせてしまったりします。また、運搬にかかるコストを価格に転嫁すると、高額な商品となってしまい、消費者の購買力を超えたり購入意欲を減じてしまうことにもなります。こうした要因により、耕境は自然と定まってきます。

林業の主要生産物である木材は、野菜などに比べるとかなりの長期間にわたる保存が利きますし、家具や建築材として毎日使うものであっても、そのつど新たに購入するという性質の商品ではありません。そうした商品特性から、一般的な農業に比べ、時間をかけてゆっくりと運び出すことが可能です。このため、消費地に近い所は農業生産に当て、林業は耕境外で行われることが一般的です。

ちなみに、林業にも耕境に相当する概念があります。「伐境《ばっきょう》」といって、文字どおり、これ以上消費地から離れたところで伐出を行っても採算が合わなくなってしまうラインです。林業といえども、「奥地山村」と呼ばれるような、都市部から遠く離れた地域では生業とすることは極めて困難なのです。

有名林業地だけでなく無名の林業地にも注目を

こうした特徴をもつ林業地ですが、地域ごとのニーズに合わせ、全国には実に様々な林業地が存在

用語

します。代表的な林業地としては、古くから「三大美林」と呼ばれてきた、代表的な林業地があります。青森県のヒバ、秋田県のスギ、長野県木曽地方のヒノキ、静岡県天竜地方のスギ、三重県尾鷲《おわせ》地方のヒノキ、奈良県吉野地方のスギが、これに当たります。前の3か所が**天然林**の三大美林、後の3か所が**人工林**の三大美林と呼ばれています。三大美林を擁する林業地のほかにも、埼玉県の西川林業や京都府の北山林業など、いわゆる有名林業地も多く存在し、それぞれに工夫を凝らした林業が展開されています。

しかし、そうした有名林業地は、生産の環境と消費地に恵まれたまれな存在であり、そこで生産される木材は高値で取引される高級木材であることが一般的です。人の食事も、毎日、高級料理ばかりを食べつづけることはできません。木材も同様に、無名の林業地で生産される、ごく一般的な木材が私たちの生活を支えてくれています。有名林業地ばかりに注目するのではなく、無名の林業地にも注目し、社会全体で大切にしていくことが肝心です。

日本三大美林の位置

天然林 →52ページ
人工林 →52ページ

5 林業の変化からみえる人と自然の関わり

キツネにだまされなくなった日本人

哲学者の**内山節**《うちやまたかし》さんは、その著書『日本人はなぜキツネにだまされなくなったのか』（講談社現代新書）の中で、きわめて興味深い指摘をしています。

日本各地には、キツネやタヌキなど様々な動物にだまされる伝承が残されています。それら伝承は、単なる不思議な話、怖い話というばかりではなく、危険な場所に足を踏み入れることを戒めたり、危険に遭遇する可能性の多い時間帯を示したりと、きわめて現実的で具体的な機能を有していたと内山さんは分析します。

そうした各種の伝承は、日常生活の中で子どもたちに伝えられ、生活の規範や知恵を構成していました。ところが、内山さんの調査によると、高度経済成長期の只中の１９６５年ごろを境に、日本中からパッタリと姿を消したというのです。

当時は、東京オリンピックの開催（64年）に象徴されるように日本が大きくその姿を変えた、まさに歴史の転換点でした。

オリンピック開催に間に合うように高速道路や新幹線が建設され、多くの人々の居住地が農山村から臨海部へ移り、外国産の農林産物の輸入が活発化しました。人々の生活面においても、恋愛結婚が見合い結婚の割合を上回り、病院で生まれる人の数が自宅で生まれる人の数を上回るなど、実に多くの点で劇的な変化があった時代です。

経済発展とともに変化した日本の林業

こうした歴史の転換は、林業にも大きな影響を与えました。大量の木材を効率よく生産するために、機械化の波が押し寄せたのです。

用語

内山節
哲学者。存在論、労働論、自然哲学、時間論において独自の思想を展開。高等教育機関を経ることなく、自らの思想を発表しながら活動。［1950年～］

育林生産過程の機械化は、解決が難しい課題が山積していますので、現在においてもなお大きな進展をみせていませんが、伐出生産過程においては急速な機械化が図られました。

別項で詳細に触れることになりますが、林業分野の機械化は、まず伐採現場におけるチェーンソーの導入から開始されました。

次いで、機械化が図られたのが集材・運材の現場です。林業の生産物である立木《りゅうぼく》や丸太は、一般に長大な重量物ですので、簡単には運搬することができません。それゆえ、機械化以前から実に様々な工夫がなされてきましたが、それらが次々と機械化されていったのです。

木材を少しでも軽く扱うために、伐採の現場で用いられていた**りん**と呼ばれる集積方法や、**木馬**《きんま》や**修羅**《しゅら》などの集材方法も姿を消していきました。

また、河川を利用した**流送**が**森林鉄道**やトラックによる輸送へと姿を変えました。

林業現場の変化は 人と自然の関係にも影響している

「人々がキツネにだまされなくなった」という話は何を示しているのでしょうか。1つには人と自然の接点が失われ、現代社会が、多くの恵みを与えてくれる一方で、ときに災害などの危険を及ぼす自然との接し方がわからなくなってしまったことへの警鐘として受け取ることができます。また、人々が自然の一員としていかに生きる存在なのかということを、再考する必要性を示唆しているとも考えられます。

そして、次に概観した林業の変化についても、もちろん偶然にその時期が一致したのではありません。効率性や経済合理性を追求する社会へと変容する中で、自然の恵みを最大限に生かし、仕事をする中で自然への造詣を深め、消費者である人々の生活を慮ることが可能であったかつての林業が失われた時期といえるのではないでしょうか。林業を考えるうえで、人は自然とどう関わっていくべきなのか、いっしょに考える必要があるのです。

りん
伐採現場で行われた丸太や木材の積み上げ方法、またはそのための台。伐倒後の丸太の造材・保管・集積・乾燥等が目的。1960年代以降はほとんど行われない。

木馬
→96ページ

修羅
→96ページ

流送
→97ページ

森林鉄道
林業地から木材（丸太）を運搬するためにつくられた産業用鉄道。国有林や御料林を中心に1900年ごろから敷設を開始。現在ではほとんどが廃線（北海道では1968年に全路線を廃止）になっており、国内に現存する路線は鹿児島と京都にある2線のみ。

6 林業を担う人々

「林家《りんか》」と「林業経営体」

日本の森林所有の形態は、実態としては個々人というよりも世帯（家）で代々所有していたり、民間や公共の法人が所有しているという形態が一般的です。「2010年世界農林業センサス」からは、林業構造の実態を把握する基本単位として、「林家」と「林業経営体」の2つに分類しています。

「林家」とは、保有山林面積が1ha以上の世帯を指し、その数は約69万戸、保有山林面積は合計で459万haです（↓31ページ上の表）。

また、「林業経営体」とは、①保有山林面積が3ha以上で、かつ過去5年間に林業作業を行うか**森林施業計画**を作成している、②委託を受けて育林を行っている、③委託や立木の購入により過去1年間に200㎥以上の素材生産を行っている、のいずれかに該当する個人や法人を指します。

「2020年世界農林業センサス」によると林業経営体の数は約3・4万経営体で、保有山林面積は合計332万haです。このうち、1世帯で事業を行う「個人経営体」の数は約2・8万経営体で、林業経営体の8割を占めています。残りの2割は、民間事業体（株式会社や合同会社等）、森林組合、公益法人などです。

日本の林業の多くは、こうした林家や林業経営体によって行われています。

林業経営体の受託状況

しかし、日本の森林所有者の多く（とくに小規模な林家）は、育林や伐出を自分で行うことは少なく、多くは、高度な技術や林業機械を有している森林組合などの林業経営体に委託し、作業費を引いた分の

用語

森林施業計画
30ha以上のまとまりをもった森林について、造林や伐採などの森林施業に関する5か年計画。2012年度から「森林経営計画」に移行。

収益を得るのが一般的です。

　2020年における、林業経営体の作業受託状況をみてみましょう。伐期に達した樹木を伐採して素材（丸太）を生産する主伐では、民間事業体の受託面積が3・5万ha余りで、全体の7割を占めています。

　一方、下刈りや間伐といった育林作業は、森林組合が全体の約5割の面積を受託しており、森林整備の中心的な担い手となっていることがわかります。

森林所有者で構成される森林組合

　森林組合は、森林所有者が組合員になっている**協同組合**です。その活動内容や組合員資格、会計方法などは、1978年に公布された「**森林組合法**」によって規定されています。

　同法の第1条には、「森林所有者の協同組織の発達を促進することにより、森林所有者の経済的社会的地位の向上ならびに森林の保続培養及び森林生産力の増進を図り、もって国民経済の発展に資するこ

林業作業の受託面積（2020年）

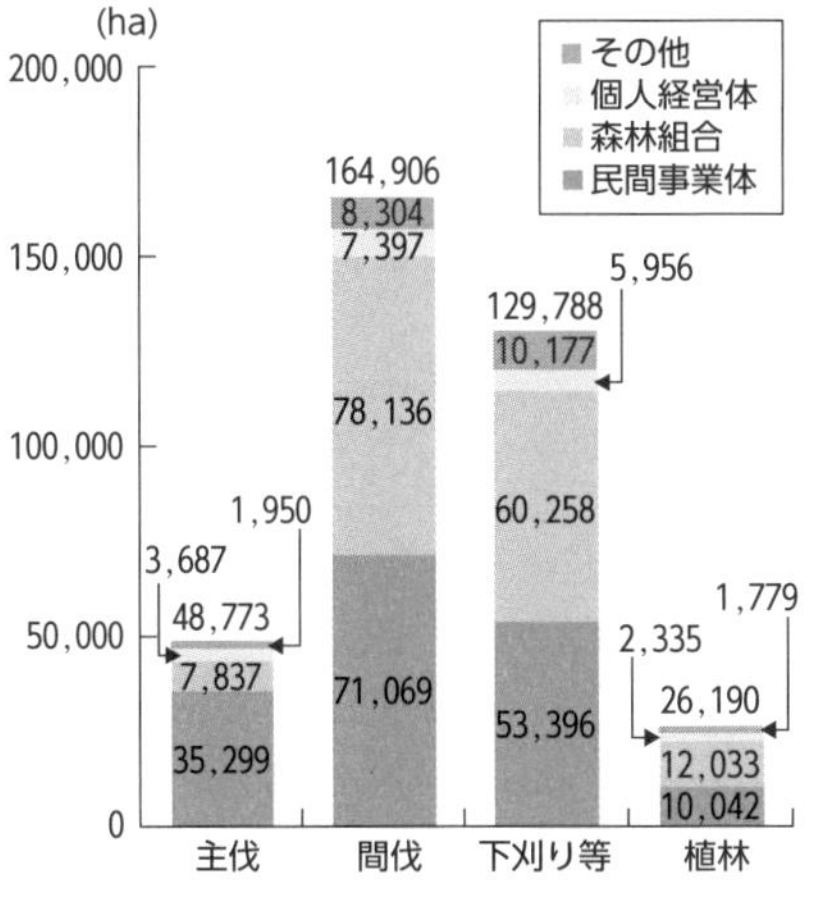

※「民間事業体」は、株式会社、合名・合資会社、合同会社、相互会社。
資料：農林水産省「2020年農林業センサス」

林業経営体数の組織形態別内訳

（単位：経営体）

	2020年経営体数
民間事業体	1,994
森林組合	1,388
個人経営体	27,776
地方公共団体・財産区	828
その他	2,015
合計	34,001

資料：農林水産省「2020年農林業センサス」

協同組合
共通する目的を有する個人・組織などが集まり、おのおのが組合員となり設立する事業体。事業体を共同で所有し、民主的な管理運営を行う相互扶助組織。

森林組合法
森林組合の設立根拠法。森林所有者の協同組織の発達を促進し、森林所有者の経済的・社会的地位の向上や森林の保続・培養、森林生産力の増進を図り、国民経済の発展に資することを目的とする。「森林法」より森林組合関連項目を独立させ、1978年公布。2020年の改正では、森林組合の合併に伴う事項の追加、組合員資格の拡大等に加え、森林組合の事業実施にあたり「森林の公益的機能の維持増進を図りつつ、林業所得の増大に最大限の配慮をしなければならない」旨が明文化された。

と」と、組合設立の目的が書かれています。つまり、森林所有者に対する利益とともに、森林資源を守っていくという公益的な目的もあることがわかります。

森林組合の組合員は、基本的には森林を所有していることが条件ですから、所有森林から収入を得ているかどうか、林業に従事しているかどうかは問われません。逆に、育林や伐出などの作業に従事していても、森林を所有していなければ正組合員にはなれません。

全国の森林組合数は、高度経済成長期初頭の1950年代半ばには5000余りもありましたが、組合の広域合併などにより、2020年時点で613組合となっています。組合員数は約149万人で、組合員所有の森林面積は全**民有林**の68％を占めています。

主な事業としては、苗木の植栽による造林や下刈り・間伐などの育林を行う利用部門、林産（伐出）や**製材**などを行う販売部門、機械や苗木などの供給を行う購買部門があります。

林業従事者の雇用状況

実際の森林施業は、主に山村で林業に就業して森林内の現場作業などに従事する林業就業者が担っています。林業に携わる労働力を雇用していくことは、山村の活性化や地方における雇用拡大のためにも重要ですが、長らく木材生産活動の停滞・縮小が影響し、林業への就業者は年々減少しています。

1960年には約44万人でしたが、1980年にはその3分の1以下の14万人余り、直近の2020年にはさらに3分の1の約4・4万人となっています。この間、山村地域の高齢化も進行し、林業従事者の高齢化率は1980年の8％から、2000年には30％とピークを迎え、2020年には25％となっています。なお、近年、林業の就業者数がやや増加に転じ、高齢化率が減少しているのは、高知県など一部の地域で若者の林業就業者が増えていること、林野庁の実施している「緑の雇用」事業（↓170ページ）の影響があると考えられます。

用語

民有林
↓64ページ

製材
↓114ページ

森林組合の概要（2020年）

森林組合数	613組合	1組合平均
組合員数	149万人	2426人
地区内民有林面積	1591万ha	2万5955ha
組合員所有森林面積	1056万ha	1万7228ha
組合加入率	66%	66%
払込済出資金	542億1600万円	8844万円
常勤理事数	513人	0.8人
専従職員数	6624人	10.8人

※「地区内民有林面積」には、都道府県有林面積を含まない。
資料：林野庁「令和2年度森林組合統計」

林業従事者の推移

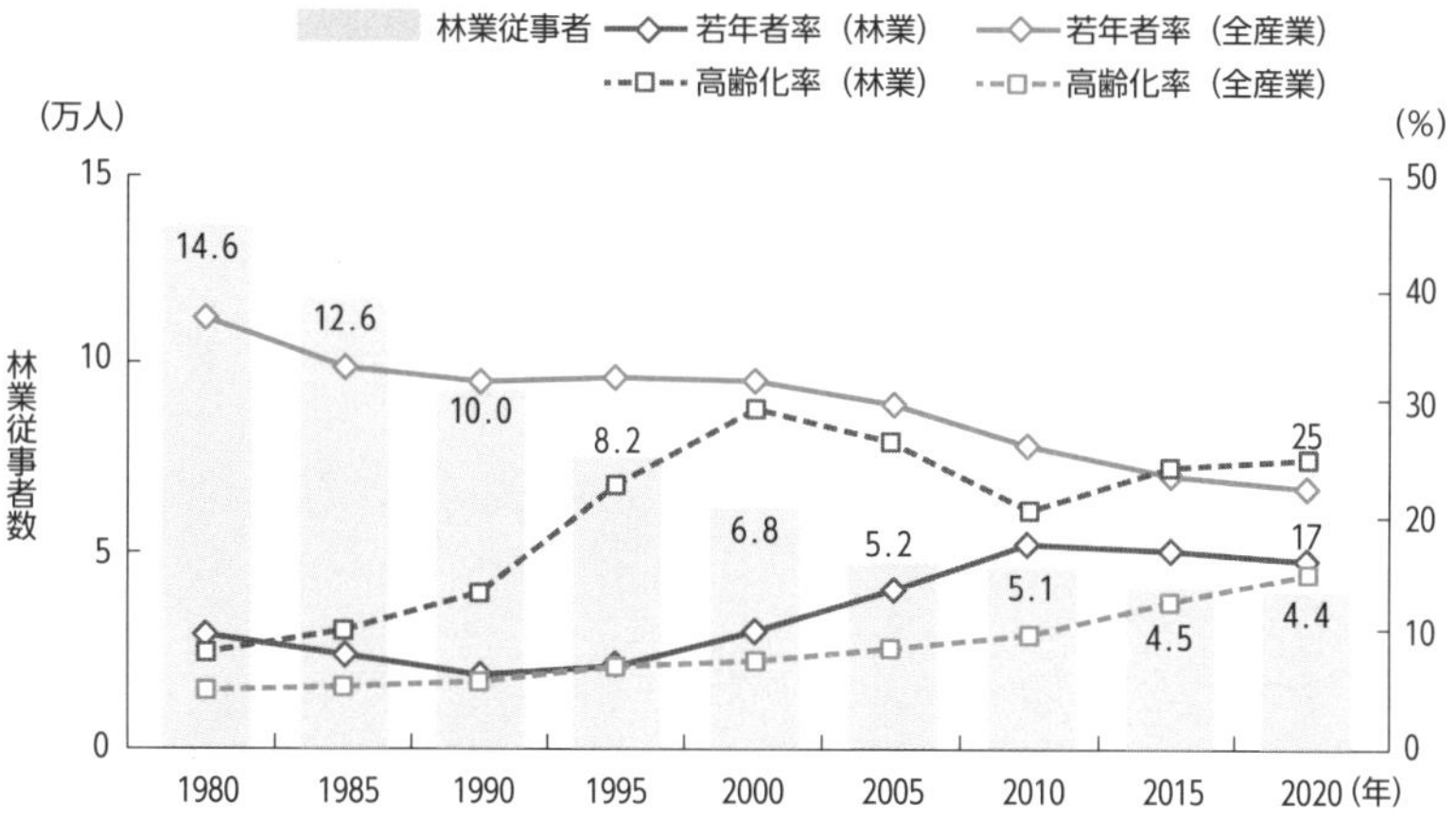

注：高齢化率とは、総数に占める65歳以上の割合。
　　若年者率とは、総数に占める35歳未満の割合。
資料：総務省「国勢調査」

7 林家と家族林業経営体の現在

日本の林家の大部分は小規模

日本の林家数69万戸に対し、総保有山林面積は459万haであり、5ha未満の小規模な森林所有者が大多数を占めています。これらのうち林業経営体に注目すると、3・4万経営体に対して332万haを保有しており、所有規模は大きくなりますが、それを併せても5ha未満が全体の約2割、10ha未満で全体の約5割となります。日本の森林所有は、総じて小規模に分散していることがわかります。

では、規模が大きければ林業経営に問題はないのでしょうか。農林水産省が調査した、20ha以上の比較的広い森林を保有する**家族林業経営体**の林業所得の内訳（2018年）をみると、林業粗収益は378万円で林業経営費は274万円、それを差し引くとわずか104万円しか林業所得にならない計算です。日本の林家に圧倒的に多い、これよりも小規模な経営体では、林業による収入が得られないばかりか、素材（丸太）を生産しても逆に赤字になってしまうという現状があります。

収穫期を迎えてもあえて伐出しないという事態も

また、約2万8000ある**個人経営体**のうち、年間に何らかの林産物を販売した割合は全体の20％で、わずか約6000経営体にすぎませんでした。さらに、「農林業センサス（2015年）」で家族林業経営体の作業内容をみてみると、下刈りで47％、間伐で55％の実施割合を示しているものの、植林は14％、収穫を目的とした主伐を行うのは8％に留まっています。**人工林**は人の手が加わらないと荒廃してしまいますから、なんとか育林作業は行う一方、伐期を迎えた森林を所有していても収益が見込めないこと

用語

家族林業経営体
「農林業センサス（2015）」で使われていた区分。個人経営体と法人経営（会社等）を合わせたものを指す。

個人経営体
家族で経営を行っており、法人化していない林業経営体。

人工林
→52ページ

林家・林業経営体の数と保有山林面積

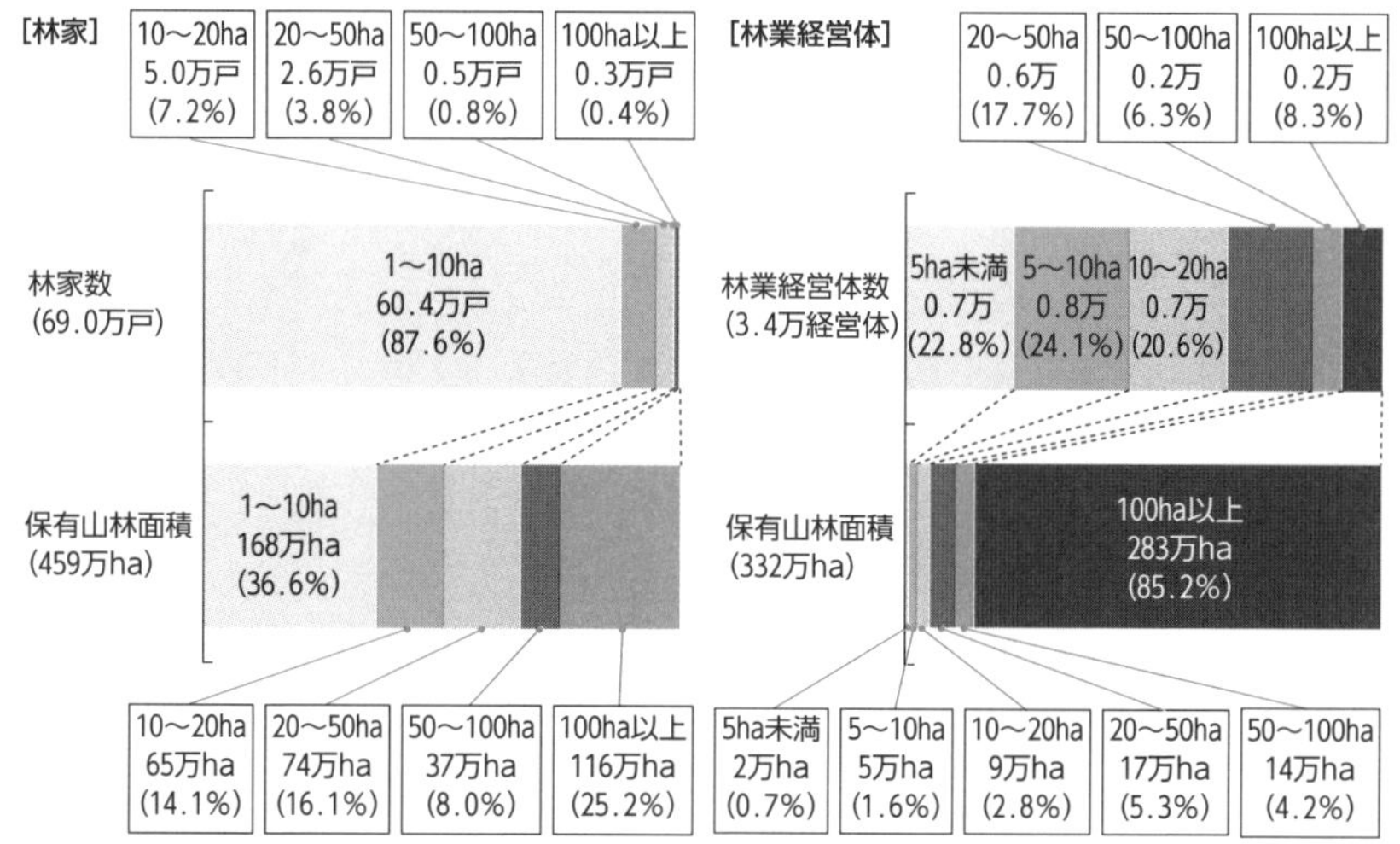

注1：（ ）内の数値は合計に占める割合である。
2：計の不一致は四捨五入による。

資料：農林水産省「2020年農林業センサス」

から収穫しない、今後も林業で収入を得ようとしないので再造林もしない、という状況をうかがい知ることができます。

森林所有者の高齢化が進む中で、相続に伴う所有権の移転で**不在村者**が増加したり、森林所有者や境界が不明になって放置される林地が増えたりが社会問題化しています。森林の恵みを将来にわたり持続的に受けるために、林業に関わる人々が山村に定住し、安心して生産活動を継続できるようにしていくことが喫緊の課題となっています。

家族経営体（山林20ha以上所有）における林業所得の内訳

項目	2018（平成30）年度
林業粗収益	378万円
素材生産	214万円
立木販売	21万円
その他	143万円
造林補助費	65万円
林業経営費	274万円
請負わせ料金	107万円
雇用労賃	31万円
その他	137万円
林業所得	104万円
伐採材積	210㎥

注1：家族経営体の林業所得の内訳。
2：伐採材積は保有山林分である。
3：平成30（2018）年調査から、造林補助金については林業粗収益に含めた。
資料：農林水産省「平成30年度林業経営統計調査報告」（2018年）

不在村者
所有する森林の所在とは別の市町村に居住する個人または主たる事務所のある法人。森林の放置等が招く荒廃の大きな原因となることも多い。

8 日本における林業の経済的位置

林業産出額はわずかに増加

ここで、日本の経済活動における林業の位置について概観しておきます。

まずは林業産出額です。林業産出額とは、林業の生産活動によって生み出される木材、薪や炭、キノコ類などの生産額の合計です。

日本の林業産出額は、1980年の約1・2兆円をピークに減少傾向で推移していましたが、近年は針葉樹の木材生産の増加、木材価格やキノコ類の価格の上昇などにより、わずかに増加しています。

林業の産出額は、近年5000億円弱で推移しており、20年は約4800億円です。同じ第一次産業である農業の産出額は、約8兆9000億円（20年）ですから、数字だけでみると林業は小さな経済規模であることがわかります。

樹種別にみた生産量の推移

では、産出額で最も大きな割合を占める木材生産について、どのような樹種から国産材が生産されているのでしょうか。

国産材の生産量は、高度経済成長が終わりに近づいた1971年以降、減少を続けてきました。特に、丸太（素材）生産の効率性から、建材に向く針葉樹育林・生産にシフトしていき、広葉樹の生産は大幅に減少しています。長らく、スギ・ヒノキ・カラマツを中心とした木材生産が行われています。

木材生産量の近年の傾向をみると、2002年の1509万㎥を底に増加傾向にあり、20年時点では1988万㎥となっています。樹種別ではスギが59%、ヒノキが14%、カラマツが10%、広葉樹が9%という割合で生産されています（20年）。

林業産出額の推移

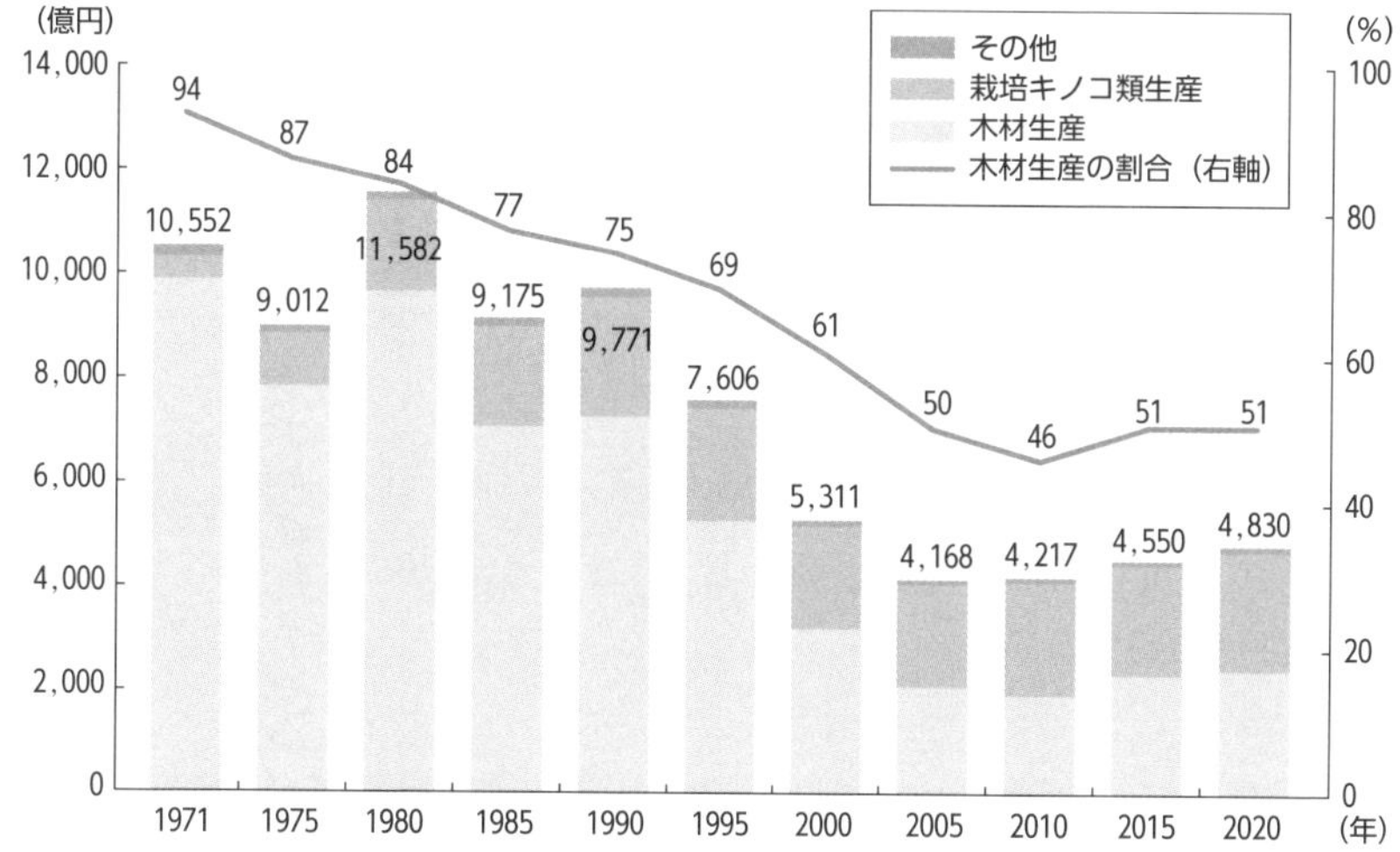

※「その他」は、薪炭生産、林野副産物採取。
資料：農林水産省「生産林業所得統計報告書」

樹種別にみた木材生産量の推移

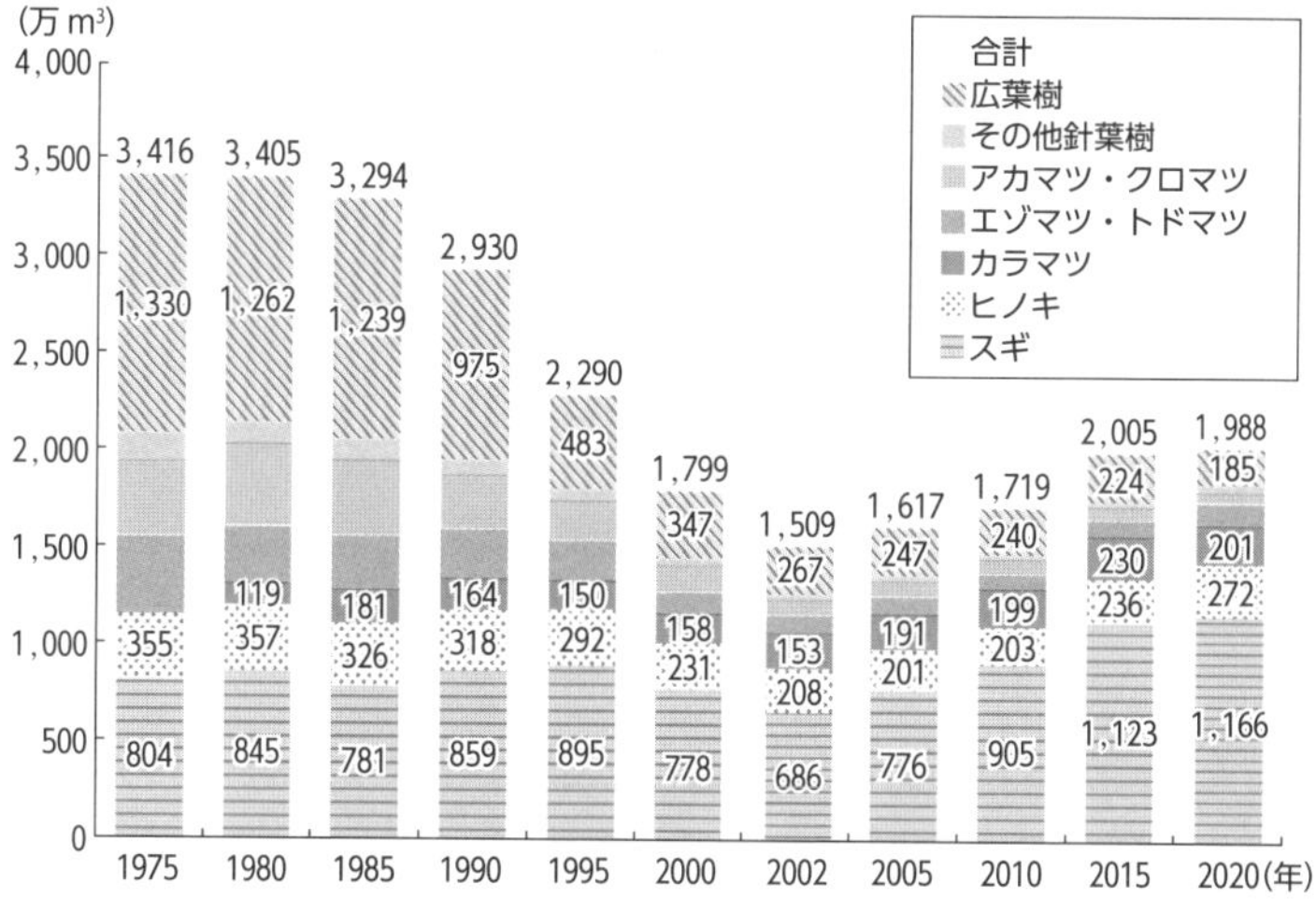

注：製材用材、合板用材（平成29(2017)年からはLVL〔単板積層材〕用を含んだ合板等用材）及びチップ用材が対象（パルプ用材、その他用材、シイタケ原木、燃料材、輸出を含まない）。
資料：農林水産省「木材需給報告書」

9 日本の木材輸出入状況と自給率

大きく変化している木材の輸入状況

日本には世界各地から木材が輸入されており、木材市場では長らく外材が大きな割合を占めています。しかし、日本の木材輸入量は丸太換算で1996年の9045万㎥をピークに減少しており、2020年は4329万㎥となっています。約3分の2は外材で、3分の1は国産材という状況です。

輸入木材の生産地も大きく変化しています。1970年代は東南アジアの熱帯林から産出される南洋材が中心でしたが、世界的な熱帯林保護の動きの高まりを受けて減少し、変わってアメリカやカナダから産出される米材や、ロシアからの北洋材、ヨーロッパ諸国からの欧州材の割合が多くなっています。

また、木材の輸入形態も丸太から製品へとシフトしており、約9割が製品での輸入となっています。

中国を中心に伸びる木材輸出

日本の木材輸出は、円安傾向を背景にして2013年以降増加しており、2021年の木材輸出額は、2013年と比べ約4倍の475億円となりました。このうち、品目別に主だったものをみると、丸太が211億円、**製材**が98億円、**合板**等が78億円となっています。大きな輸出先となっているのは中国です。中国国内の急激な経済発展を背景にスギの輸入が増加していて、梱包材・土木用材・コンクリート型枠材などに利用されています。また、韓国では日本のヒノキの人気が高く、家屋の内装材などとして利用されています。

現在は丸太を中心に、原材料としての木材輸出が主体となっていますが、国では国内の高い木材加工技術を生かした製品の輸出拡大をめざしています。

用語

製材
→114ページ
合板
→111ページ

日本の木材供給元（2019年）

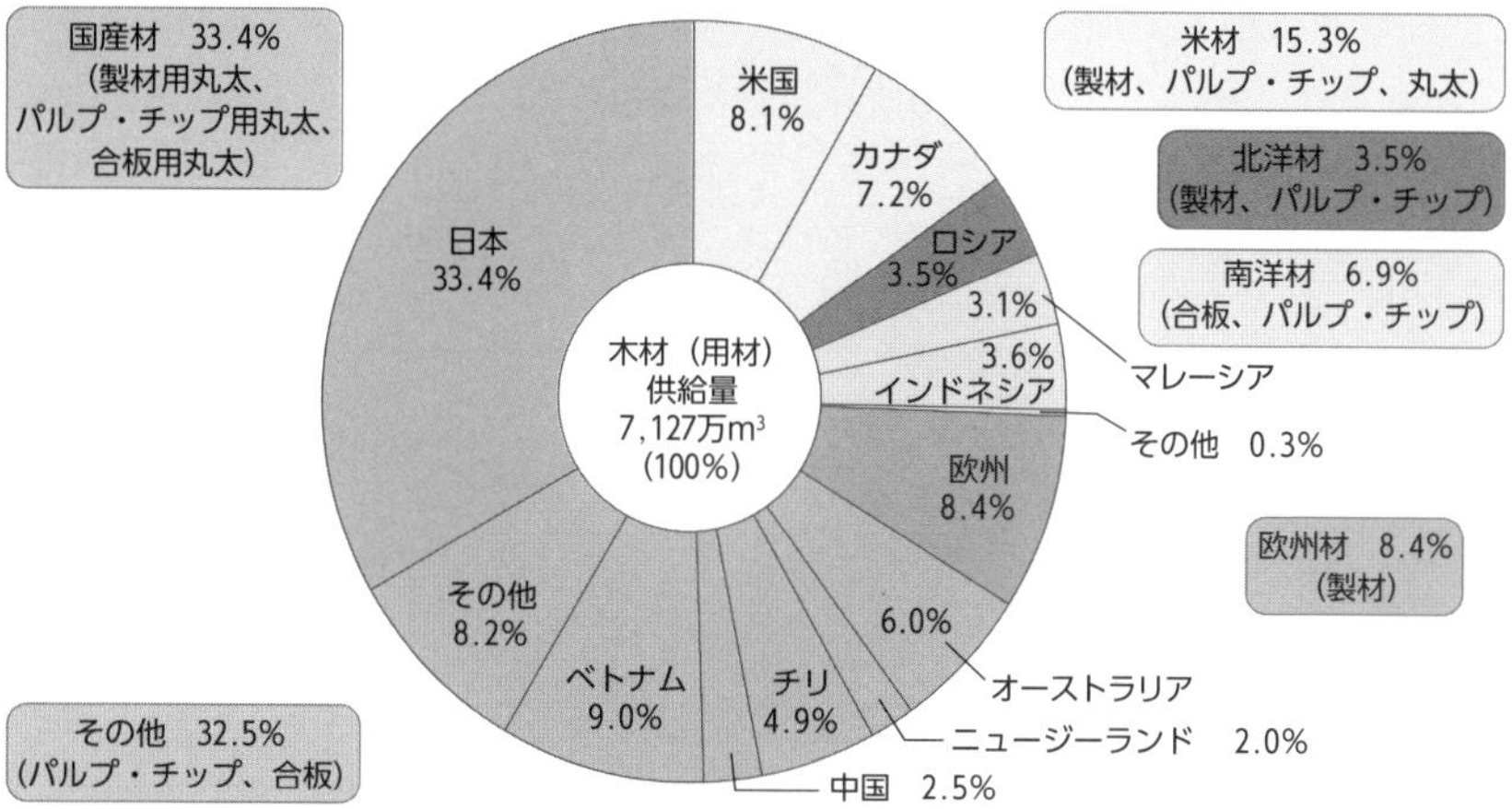

注1：木材のうち、シイタケ原木及び燃料材を除いた用材の供給状況である。
　2：いずれも丸太換算値。
　3：輸入木材については、木材需要表における品目別の供給量（丸太換算）を国別に示したものである。なお、丸太の供給量は、製材工場等における外材の入荷量を、貿易統計における丸太輸入量で案分して算出した。
　4：内訳と計の不一致は、四捨五入及び少量の製品の省略による。
資料：林野庁『令和元(2019)年木材需給表』、財務省「貿易統計」を基に試算。

日本の木材輸出額の推移（国・地域別）

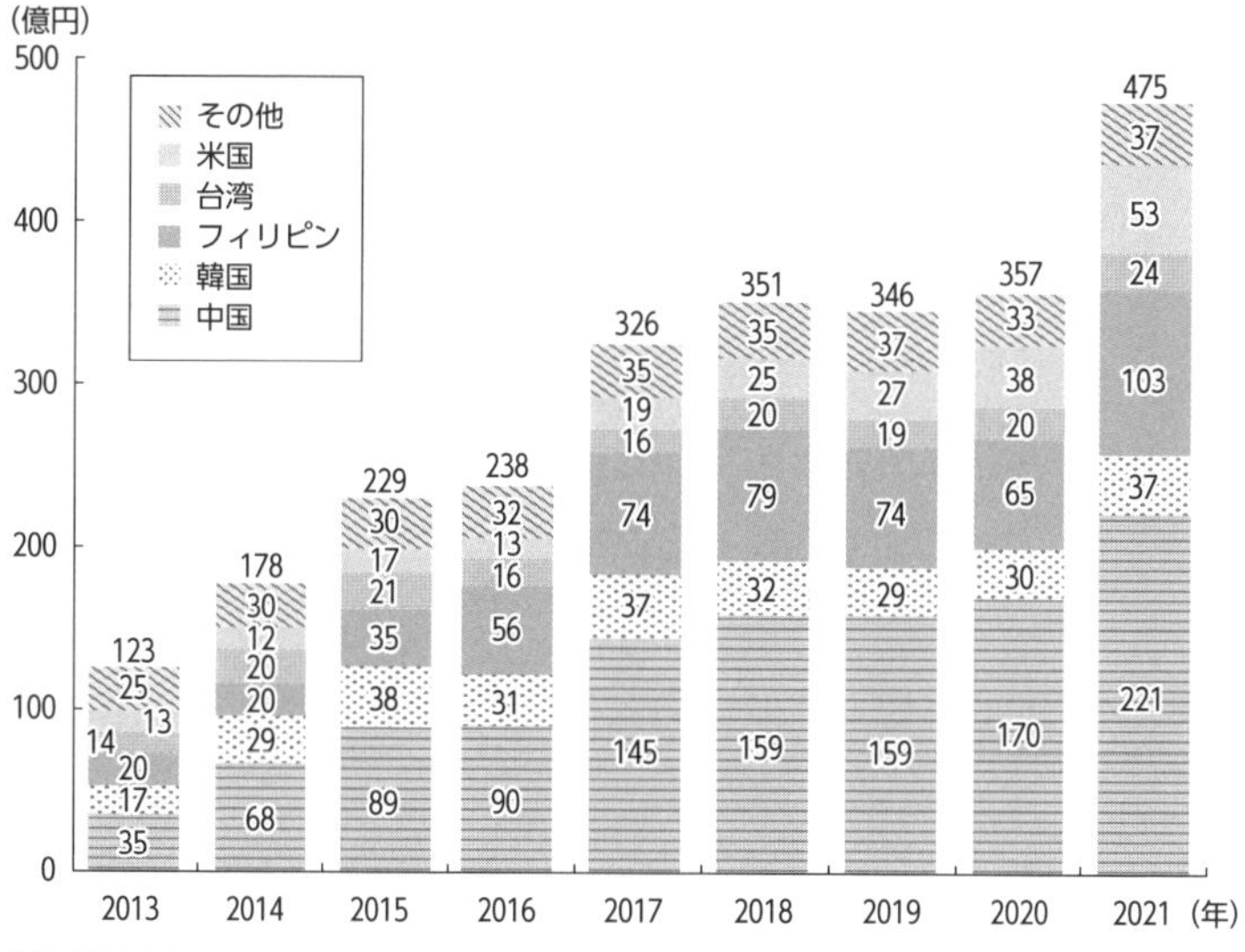

資料：財務省「貿易統計」：第44類を集計

上昇傾向にある木材自給率

日本の木材自給率は、国産材供給の減少と木材輸入の増加により、昭和30（1955）年代以降低下を続け、2002年には18・8％となりました。しかし、近年は国産材の供給量が増加傾向で推移しているのに対して、木材の輸入量は大きく減少しており、木材自給率は上昇傾向で推移しています。これは、国内の森林資源が充実し、国産材を利用しようとする気運が高まっていることに加え、中国やインド、中東などの新興国での木材消費が伸びていることなどから、日本国内で原材料を求める動きが強まっていることも一因として考えられます。

2021年は、国産材、輸入材ともに、全ての用途で前年より増加していますが、輸入量の増加率を自給率が上回り、木材自給率も41・1％と増加しています。用途別の自給率に注目すると、製材用材は49・1％、合板用材は45・3％、パルプ・チップ用材は16・5％、燃料材は63・4％となっています。

木材供給量と木材自給率の推移

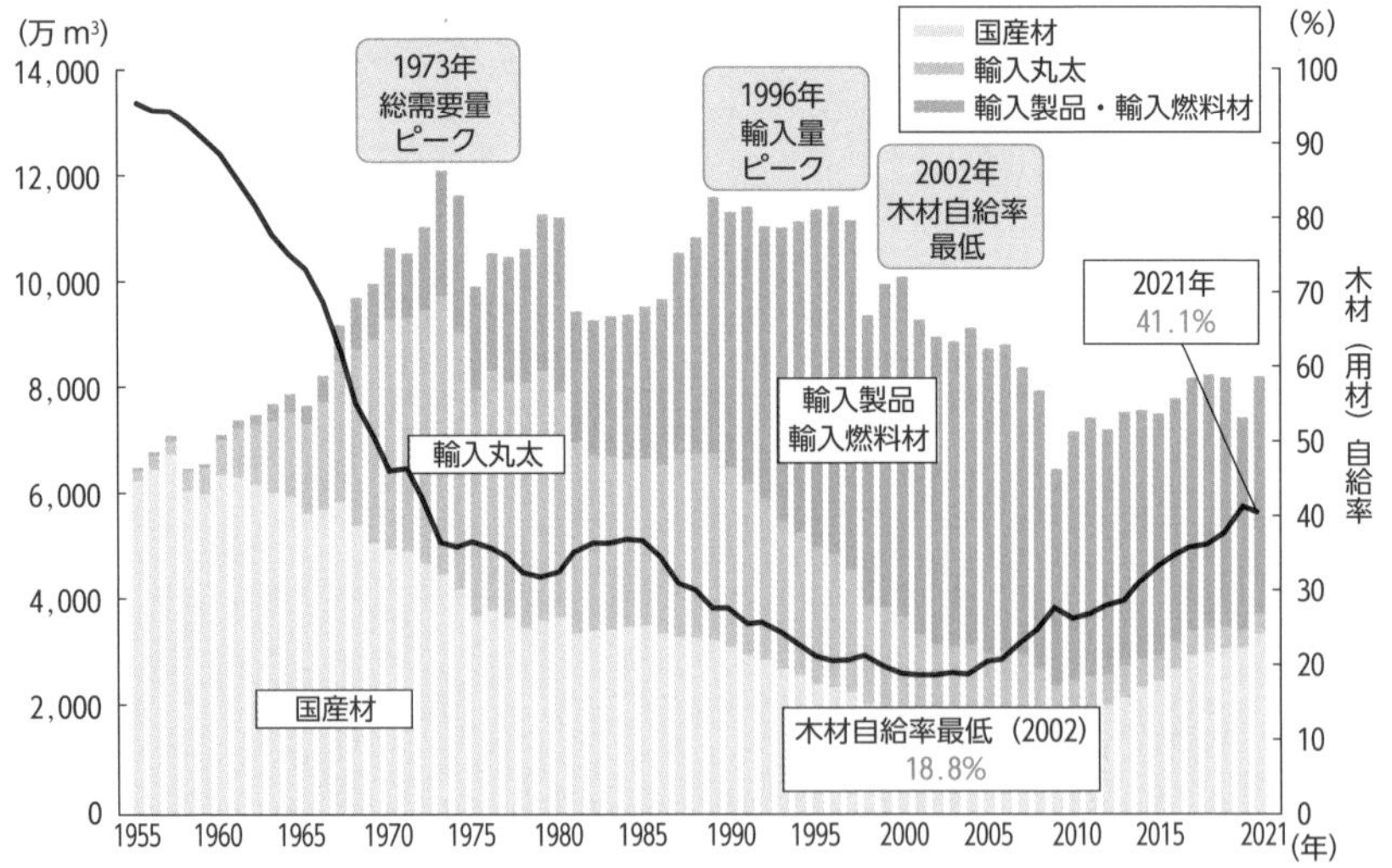

資料：農林水産省「木材需給報告書」

第2章

森林と樹木を知る

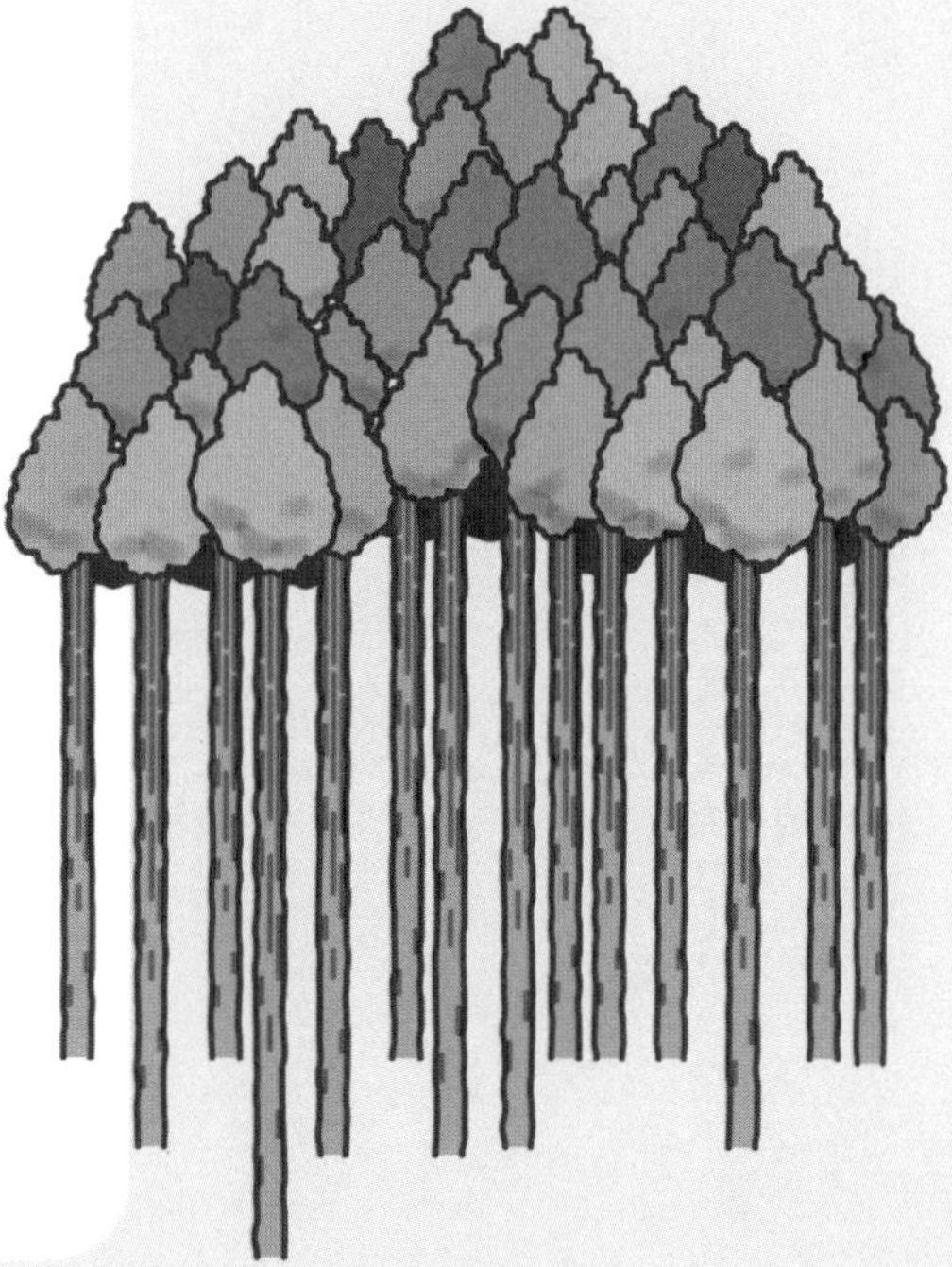

1 世界の森林植生の分布と特徴

国連食糧農業機関（FAO）の統計によれば世界の森林面積は40・2億haで、陸地面積の27％を占めています。陸地の約1／4にしか森林がないというと意外な気がしますが、これは森林が成立できないほど乾燥した陸地が多くを占めるためです。

世界の**自然植生**の分布は、気温と降水量によって規定されています。以下、順にみていきましょう。

熱帯の森林植生

熱帯多雨林は、1年中高温多雨な熱帯域に成立する常緑広葉樹林です。平均樹高が40ｍを超えるような巨大な樹木からなる森林で、きわめて多様な樹種から構成されています。

赤道から少し離れると、明瞭な雨季と乾季がある地域が現れます。ここには、乾季に落葉する樹木が優占する熱帯季節林が成立します。熱帯多雨林よりも小さな樹木から構成される森林です。

緯度がさらに上がると、サバンナや砂漠になります。森林が成立できないほどの乾燥地が、緑豊かな熱帯と温帯との間に広がっているというと不思議な気がしますが、これには大気の大循環が関係しています。赤道付近で太陽の放射により暖められた空気は、上昇しながらその地に大量の雨を降らせた後、赤道から南北に２０００～３０００㎞移動し、下降します。下降する大気は、水蒸気をほとんど含まず高温なため、ここには乾燥した大地が広がります。

温帯の森林植生

暖温帯には、葉の**クチクラ層**が発達した常緑広葉樹が優占する森林が成立します。大陸の東側は季節風の影響により夏に雨が多く、冬には雨が少ない気候となり、**照葉樹林**が成立します。日本もユーラシ

用語

自然植生
人為的影響が軽微、または皆無であり、植生構造に変化を与えられていない植生。人為的影響を受けた植生であってもその後遷移が進み、種組成や構造が原植生とほとんど同じ状態にまで回復している植生も含む。

熱帯多雨林
熱帯地域のうち年平均気温18℃以上、年平均降水量２０００㎜以上の高温多湿地域に発達する植生。特徴的な優占種はなく、フタバガキ科等の植物が成長。

クチクラ層
動植物の表面を覆う層。水分の蒸発を防ぎ、内部を保護する機能をもつ。植物では、葉の表皮組織の上層に存在す

ア大陸東端に位置するため、本州西半分から九州にはこの照葉樹林が成立します。一方、ユーラシア大陸の西側は夏季に雨が少なく、冬季には雨が多い地中海性気候になり、**硬葉樹林**が成立します。植物の生育適期である夏季に雨が少ないため、乾燥に強く物理的な力にも強い硬葉を茂らせます。

冷温帯には、冬季に葉を落とす落葉広葉樹林が成立します。北半球温帯の3地域（ヨーロッパ、北米東部、東アジア）に分布し、冬季が寒くない南半球にはほとんど存在しません。日本では、本州東半分から北海道にかけてみられます。

亜寒帯・寒帯の森林植生

亜寒帯には、針葉樹林が成立します。高い耐凍性を持ったマツ科の針葉樹が優占します。シベリアのタイガや、北海道のトドマツやエゾマツの優占林が該当します。緯度が高くなるにつれて、疎林・低木林を経て、地衣類・コケ類・ツツジ科灌木《かんぼく》などからなるツンドラ植生へと移行します。

世界の自然植生の分布図

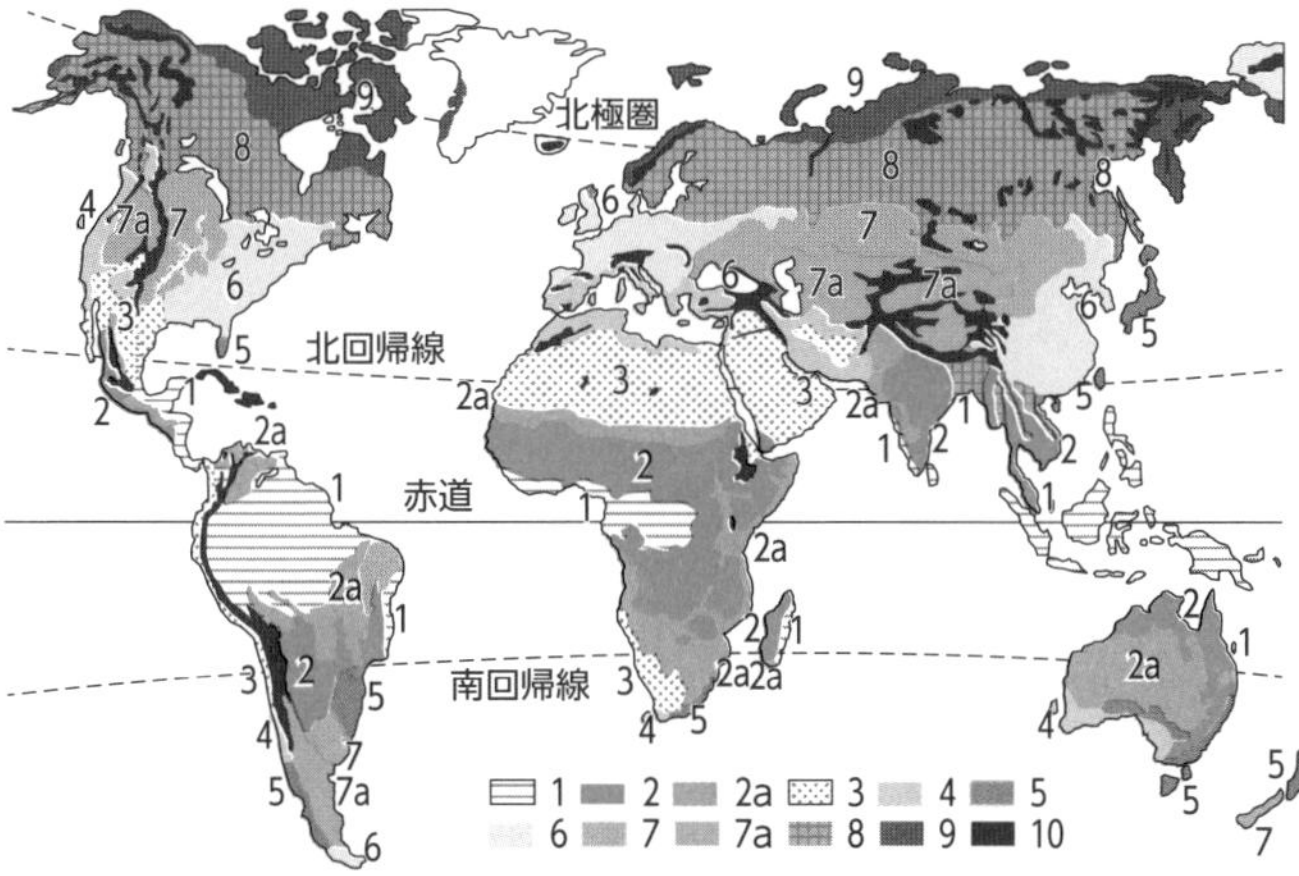

1：熱帯多雨林、2：熱帯季節林；2a：サバンナ、3：熱帯・亜熱帯の砂漠、4：常緑硬葉樹林、5：照葉樹林（常緑広葉樹林）、6：落葉広葉樹林（夏緑樹林）、7：ステップ；7a：寒冷な砂漠、8：針葉樹（タイガ）、9：ツンドラ、10：高山荒原

資料：寺島一郎『植物の生態－生理機能を中心に』（裳華房 2013年）

るろう状の物質。

照葉樹林
→40ページ

硬葉樹林
夏に降水量が少なく、冬に多い地中海性気候下にみられる森林。硬葉樹である常緑性のコルクガシやヒイラギガシなどが特徴的。暖温帯に分布。堅葉樹林とも。

2 日本の森林植生の分布と特徴

緯度からみた森林植生（水平分布）

　植生の分布は主に降水量と気温で決まりますが、日本では年間降水量1000㎜以下の地域がほとんどなく、総じて湿潤なため、植生の分布は主に気温によって規定されます。例えば、九州南部以南は、世界的にみると降水量の少ない**亜熱帯高圧帯**に区分されます（屋久島とエジプトのカイロはほぼ同緯度）が、夏に黒潮の上を通過する南東季節風が大量の水蒸気を取り込み湿潤になるためです。

　以下、気候別に森林植生の特徴をみてみます。

●亜熱帯　琉球列島や小笠原諸島などの亜熱帯には、スダジイ・オキナワウラジロガシなどが優占する**亜熱帯多雨林**がみられます。次項の暖温帯との共通種もみられますが、ビロウ・アコウ・ヘゴ類など亜熱帯特有の植物が分布します。

●温帯　暖温帯と冷温帯に大別されます。

　九州・四国から本州中部にかけての暖温帯には、常緑性のブナ科（シイ・カシ類）が優占する**照葉樹林**がみられます。ブナ科・タブノキ・クスノキなどの常緑高木、ヤブツバキ・アオキなどの常緑亜高木～低木、ベニシダ・ジャノヒゲなどの常緑性草本と、常緑性の種によって占められます。暖温帯から冷温帯への移行帯では、モミ・ツガなどの温帯性の常緑針葉樹がしばしば混生します。

　本州東北部から北海道南西部にかけての冷温帯には、落葉性のブナ科（ブナ・イヌブナ・ミズナラ）が優占する落葉広葉樹林がみられます。

　日本海側と太平洋側の植生には、はっきりとした違いがみられます。冬に大量の雪が降り積もる日本海側ではブナ一種が優占しますが、少雪の太平洋側ではイヌブナをはじめ、他の高木類が混生します。

用語

亜熱帯高圧帯
緯度20～30度付近で、赤道上で起こる大気の大循環により、年間を通じて高気圧が形成される地域。

亜熱帯多雨林
亜熱帯地域にみられる常緑広葉樹を優先種とする群系。降水量の多い気候条件によって成立する森林。生物多様性に富み、世界の生物種の2／3程度が集中するといわれる。日本では、沖縄が主な分布地域。

照葉樹林
暖温帯に成立する常緑広葉樹林の1つの型。降水量に恵まれた海洋性気候下にみられる植生。構成樹種に照葉樹が多い。

●亜寒帯　北海道と中部山岳の亜寒帯には、マツ科の針葉樹林がみられます。北海道ではトドマツ・エゾマツ、中部山岳地帯ではシラビソ・オオシラビソなどが優占します。日本海側ではオオシラビソ1種が優占する一方、太平洋側ではシラビソ・コメツガなど少数の樹種が優占します。冷温帯から亜寒帯への移行帯では、ミズナラ・カンバ類など落葉広葉樹も混じる針広混交林がみられます。

標高からみた森林植生（垂直分布）

標高が100m増すごとに気温は0.5〜0.6℃下がり、標高によって植生は変化します。例えば、中部山岳地帯では約700mまでが照葉樹林、約700〜1700mが落葉広葉樹林、約1700〜2500mが針葉樹林、それ以上では高木性樹木は生育しえず、ハイマツ・ツツジ類などの低木林やお花畑（高山草原）になります。また、それぞれの植生帯が現れる標高は、高緯度地方ほど低くなります。

日本の森林植生の水平分布

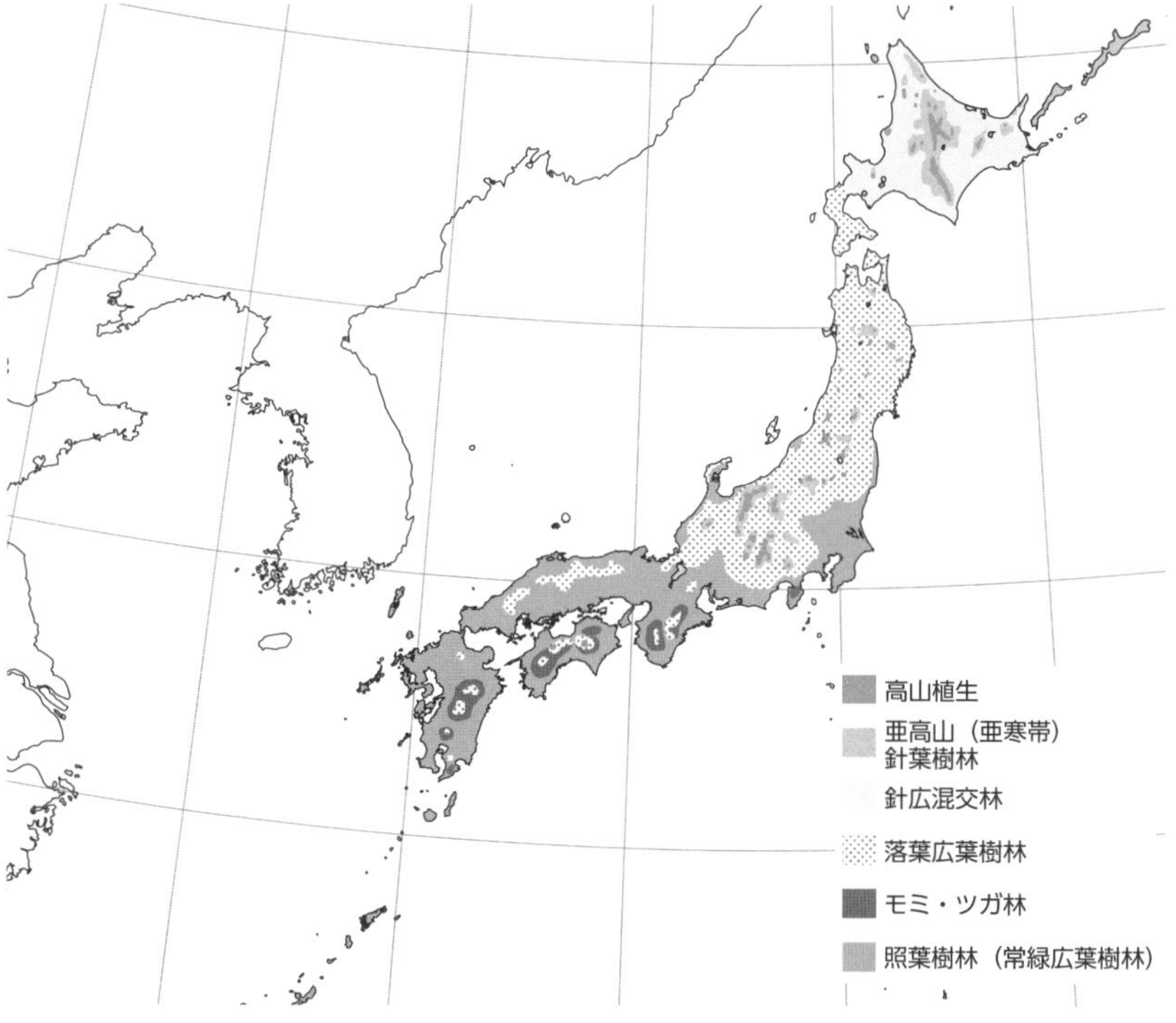

資料：日本生態学会編『森林生態学　シリーズ現代の生態学』（共立出版 2011年）

3 変化する森林 ～植生遷移《せんい》のしくみ～

「あとは野となれ山となれ」が意味するもの

「あとは野となれ山となれ」という言葉があります。「目先のことさえ解決できれば、後はどうなってもかまわない」という意味ですが、温暖湿潤で森林が発達しやすく、放っておいても草木が生い茂って野山となっていくほどに自然に恵まれた日本だからこそ生まれたことわざだといえるでしょう。

また、火山活動や洪水などで出現した裸地も、時間が経つにつれて草原や低木林となり、やがて森林となっていきます。このように、時間の経過とともに環境などが変化することによって、植物の集団が変化する現象を「植生遷移（遷移）」といいます。

植生遷移の2つの様式

遷移の様式は、遷移開始時の生物的、土壌的条件や、遷移が起こるきっかけ、優占種の交代の方向性などによって様々に区分されます。

溶岩流上などの**基質**に、胞子や種子、根系などの繁殖器官や植物体の一部を含まない場所から始まる遷移を「一次遷移」といいます。さらに、山火事や伐採など何らかの人為的な影響を受けた場所から始まる遷移を「二次遷移」といいます。すでに土壌が発達していることが一次遷移との大きな相違点です。

遷移の開始から**極相**に至るまでの時間は、一次遷移では1000年以上、二次遷移では100～200年といわれています。

遷移は、それがどのような条件の場所から始まるかによって、乾性遷移系列、湿性遷移系列、砂性遷移系列、塩性遷移系列の4つに類別されます。ここでは森林と関係の深い前者2つを説明します。

乾性遷移系列は、乾燥した場所から始まる遷移系

用語

基質
岩石中で径の大きな粒のすき間を埋めている物質。

極相
生物群集の遷移の最終段階で形成される平衡状態。植物群集においては、遷移の進行に伴い、しだいに複雑な植生が発達し、条件がよければ森林（＝極相林）が成立する。

窒素固定
空気中の窒素が細菌によって固定され、土壌中に窒素有機物として固定される作用・現象。

列で、有機質も養分もない乾燥した裸地から、乾燥に強い地衣類やコケ類、次いで1年生草本の草原、多年生草本の草原、陽性低木林、陽性高木林、陰性高木林へと推移する遷移系列です（図①）。

湿性遷移系列は、湖や池に土砂や有機物が堆積して陸化するような場所や川の中洲など、湿潤な場所から始まる遷移系列です（図②）。尾瀬ヶ原などは、水面、湿原、森林化した箇所など様々な段階が混在していることから、湿性遷移の過程の様子をみることができる格好の場所となっています。

遷移の系列上で、最初に侵入・定着する植物を先駆植物といいます。先駆植物は、乾燥・湿潤条件や貧栄養に耐える種のほか、**窒素固定**を行う種も多く含まれます。遷移系列はすべて陰性高木林に向かう方向性を示しますが、降水量などの気候条件、土壌や地形などの条件によって遷移が進行しなかったり、その進行が途中で停止したりすることもあります。その状態が安定状態に達していれば、それがその場所の極相といえます。

① 乾性遷移の進み方

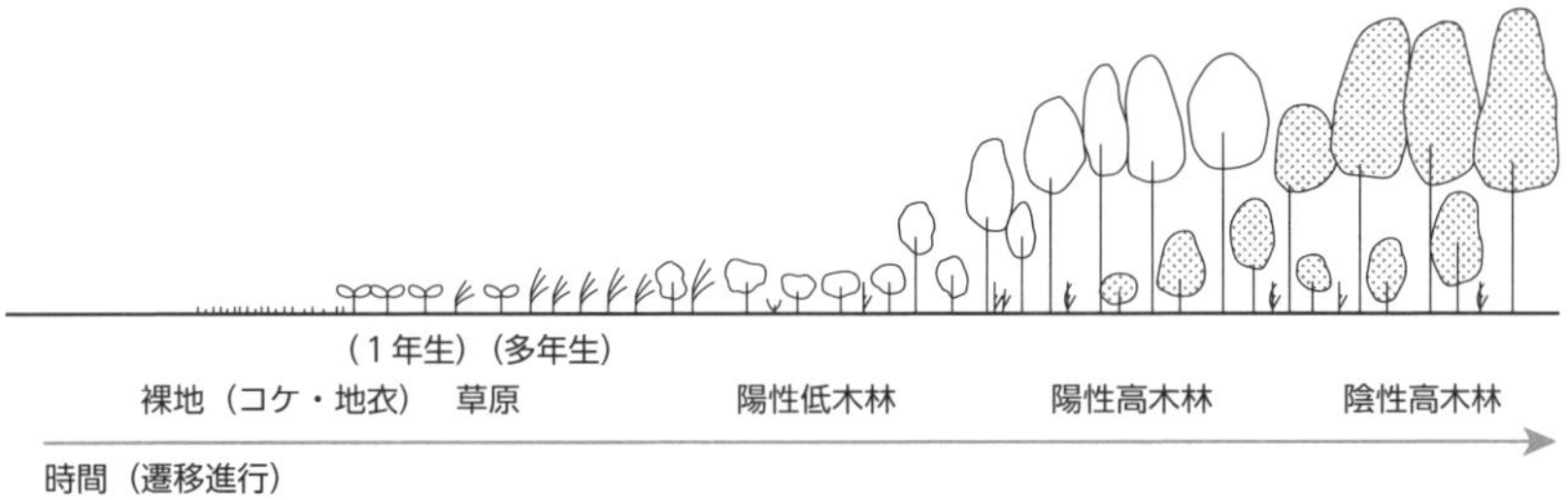

資料：只木良也『森林環境科学』（朝倉書店 1996年）

② 湿性遷移の進み方

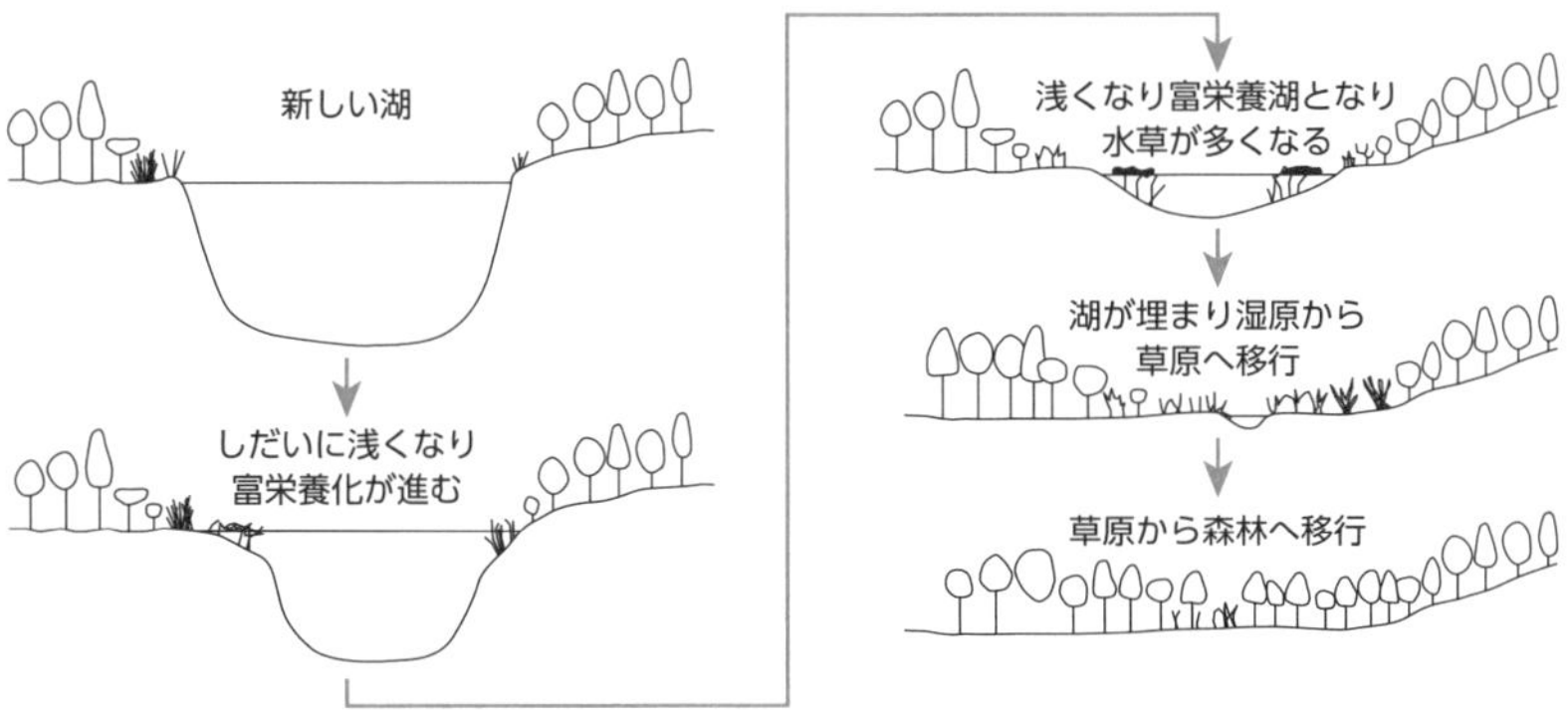

資料：大島康行『生態　図説生物学』（朝倉書店 1979年）

4 森林が維持されるしくみ

「ギャップ」は世代交代の重要な場

森林内では、1本または数本の高木が枯死したり強風で倒れたり、という小さな変化が頻繁に起こります。このような変化が起こると、天井に穴が開いたように、太陽光が直接**林床**《りんしょう》に届くようになります。このような場所を**ギャップ**といい、森林の世代交代（更新）の重要な場となっています。

一般に、ブナやスダジイなどの**極相種**は比較的高い耐陰性をもっています。ギャップが形成される前に、林床にはすでに陰樹の種子や稚樹が存在しており、ギャップができて林床が明るくなると、急速に成長を始めます。そして、数年から十数年でギャップ内は稚樹が密生した状態になりますが、しだいに稚樹間の競争や病虫害の蔓延によって数が減っていきます。数十年、百年を経て、1～数本の個体だけが成木となって**林冠**《りんかん》に到達します。やがて高木の加齢によってギャップが形成されやすい状態になるとともに、林床もやや明るくなり、再び次の世代の準備が始まります（図①）。

このように、森林はギャップ形成とその修復を繰り返すことで更新し、実際の森林は様々な発達段階にある小**林分**《りんぶん》がモザイク状を示します（図②）。

大小さまざまな攪乱が影響を及ぼす

しかし、ギャップのような小規模な**攪乱**《かくらん》しか起こらない森林は、現実には多くありません。実際の森林の多くは、台風による一斉風倒や地表攪乱、河川の氾濫、山火事、津波など、様々な種類の自然攪乱に同時に見舞われる可能性があります。

攪乱の種類、規模や頻度の違いによって、森林が受ける影響は異なってきます。例えば、風倒であれ

用語

林床
森林内の地表面に近い所。

ギャップ
立木の倒伏などによって林冠や林床に生じた空間間隙《かんげき》。直射日光が差し込むため、成長が早いパイオニア種が繁茂し、下層植生の豊かな場所となり、地上性草食動物のエサ場ともなる。

極相種
極相群落を構成する種。気候や土壌の状態により異なる。

林冠
林分の最上部において、高木群の樹冠が形成する層。

① ギャップ更新の概念図（ブナ林の場合）

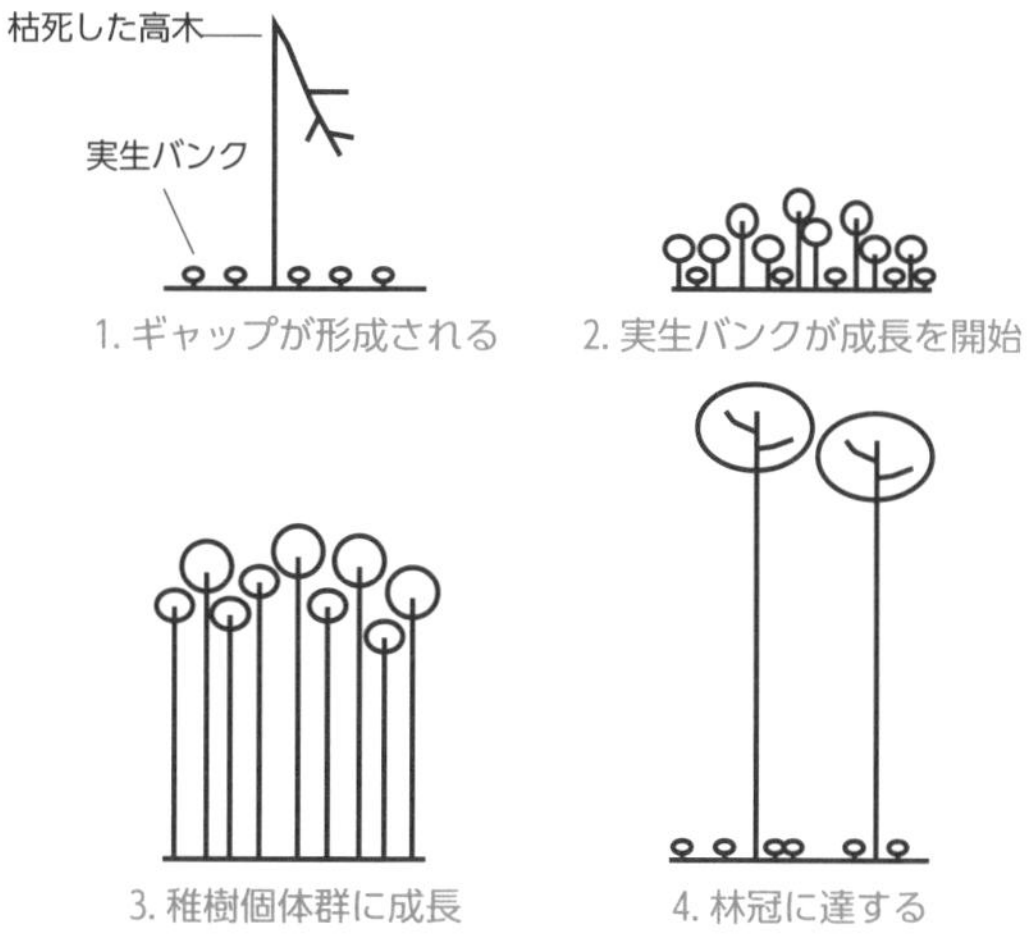

ギャップが形成されると、林床に生えていた実生個体群（実生バンク）が成長を開始する。実生は密度の高い稚樹個体群に成長し、約70年で再び林冠に達する。図②の水平的な分布と対応して、林内にモザイク構造をつくる。
資料：中静 透『森のスケッチ』（東海大学出版会 2004年）

ば林床植物や土壌はそれほど強く撹乱されませんが、地表撹乱はそれらを強く撹乱します。また、同じ地表撹乱でも、表層土を削る程度の斜面崩壊は頻繁に発生し、それに適応した樹種が森林を形成しますが、数十年、数百年に1回起こる大規模な土石流は植生を一気に破壊します。

一般に、多くの森林は、ごくまれに起こる大規模撹乱によって形成された大きなモザイクの中に、ギャップのような小規模撹乱を受けた小林分がモザイクに分布する、という多重構造になっています。

② 森林のモザイク構造のモデル

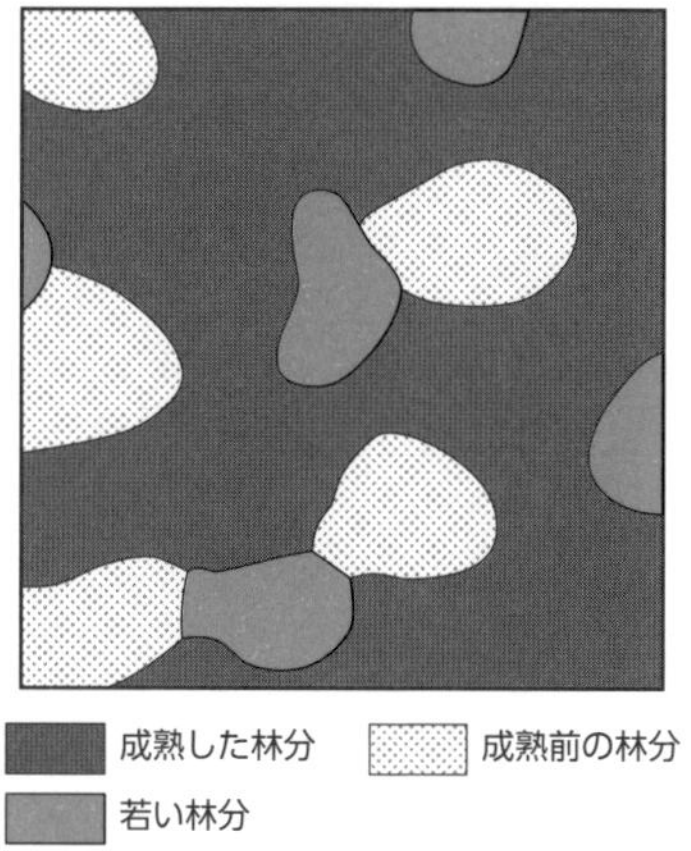

小規模で頻繁な撹乱（林冠ギャップなど）の起こる森林。高い現存量が比較的小さな変動で維持される。緩斜面の広葉樹林など。
資料：中静 透『森のスケッチ』
（東海大学出版会 2004年）

林分
ある面積をもった林木と林地とを併せた概念。構成樹種・樹高・密度などが類似し、外観も類似する部分として区画された樹林の一団。

撹乱
生態系などに影響を及ぼす作用全般。

5 森林土壌のしくみと循環機能

肥沃な土の層に根が発達する

土壌は、森林を構成する要素の中でも重要な基盤です。森林の土壌はそこに生育する植物を物理的に支えるとともに、植物に必要な養分や水分を蓄える機能を持っています。さらに土壌を棲家《すみか》とする動物を育み、植物の根の呼吸に必要な酸素を供給するなど、森林に棲息する生物の生存基盤となっています。

森林土壌は、様々な種類の岩石が風化してできた母材（主要・基になる材料）に、気候・地質・時間などの土壌生成因子が複雑に作用して形成されます。まず、土壌の材料となる母材がその場所に堆積します。その堆積の違いによって**残積土**《ざんせきど》、**匍行土**《ほこうど》、**崩**《ほう》**積土**《せきど》などに区分されます。堆積した母材には、前述の作用により、次のような土壌層位が発達します。

いちばん上には、落葉落枝やそれらの腐朽物が有機物層（A_0層）を形成します。これらの有機物は、土壌動物や土壌微生物によって分解・無機化される過程で**腐植**と呼ばれる黒褐色の有機物になり、黒っぽいA層が形成されます。A層ではそれらを栄養源とした土壌動物や微生物が棲息して肥沃度が高く、養分吸収を行う植物の細根が最もよく発達します。その後、腐植の少ない鉱質土層（B層）、そして母材層・基岩のみの層（C層）となります（図①）。

森林に肥料が必要ない理由

また、森林土壌を構成する構造は、形や大きさなどによって様々に分類されますが、中でも直径1・2㎜程度の小さな粒で構成されるものを**団粒構造**といいます。団粒構造は土壌動物や微生物の活性が高いところで発達し、保水性や通気性に富み、一般に良好な植物の成長が見込まれます。

用語

土壌
地球上の陸地の表面を覆う生物活動の影響を受けた物質層。

残積土
岩石または未固結の地層が原位置風化したもの。斜面の上部や緩傾斜部にみられる。

匍行土
斜面上を緩慢な速度で移動し、その厚さが動的にほぼ平衡する土層。

崩積土
斜面が崩れて堆積した土層。

このように、森林では植物が水分や様々な無機養分を土壌から吸収し、光合成によって有機物を生産します。一方で、生産された有機物の一部は落葉・落枝や枯死した根として再び土壌に還元されます。有機物は土壌に棲息する土壌動物や土壌微生物によって分解・無機化されて植物が利用可能な養分になり、再び植物に吸収されます（図②）。

このような物質の循環機能を「自己施肥《じこせひ》機能」といいます。田んぼや畑と違い、森林に肥料をまく必要がないのはこのためです。

① 森林土壌のしくみ

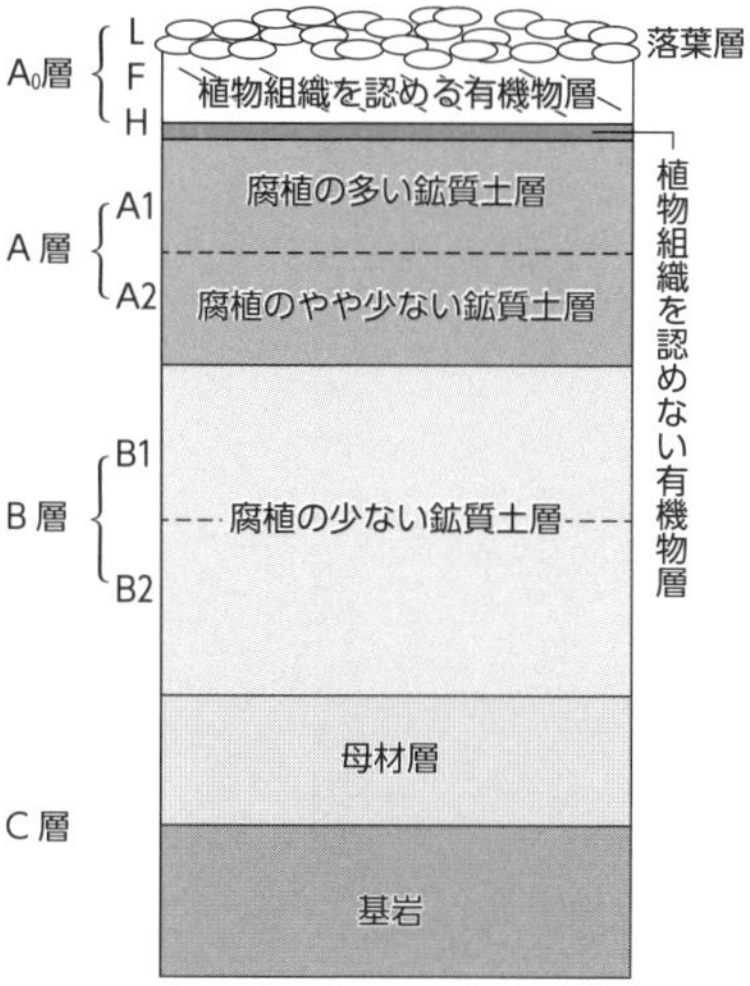

② 植物と土壌生物による物質の循環

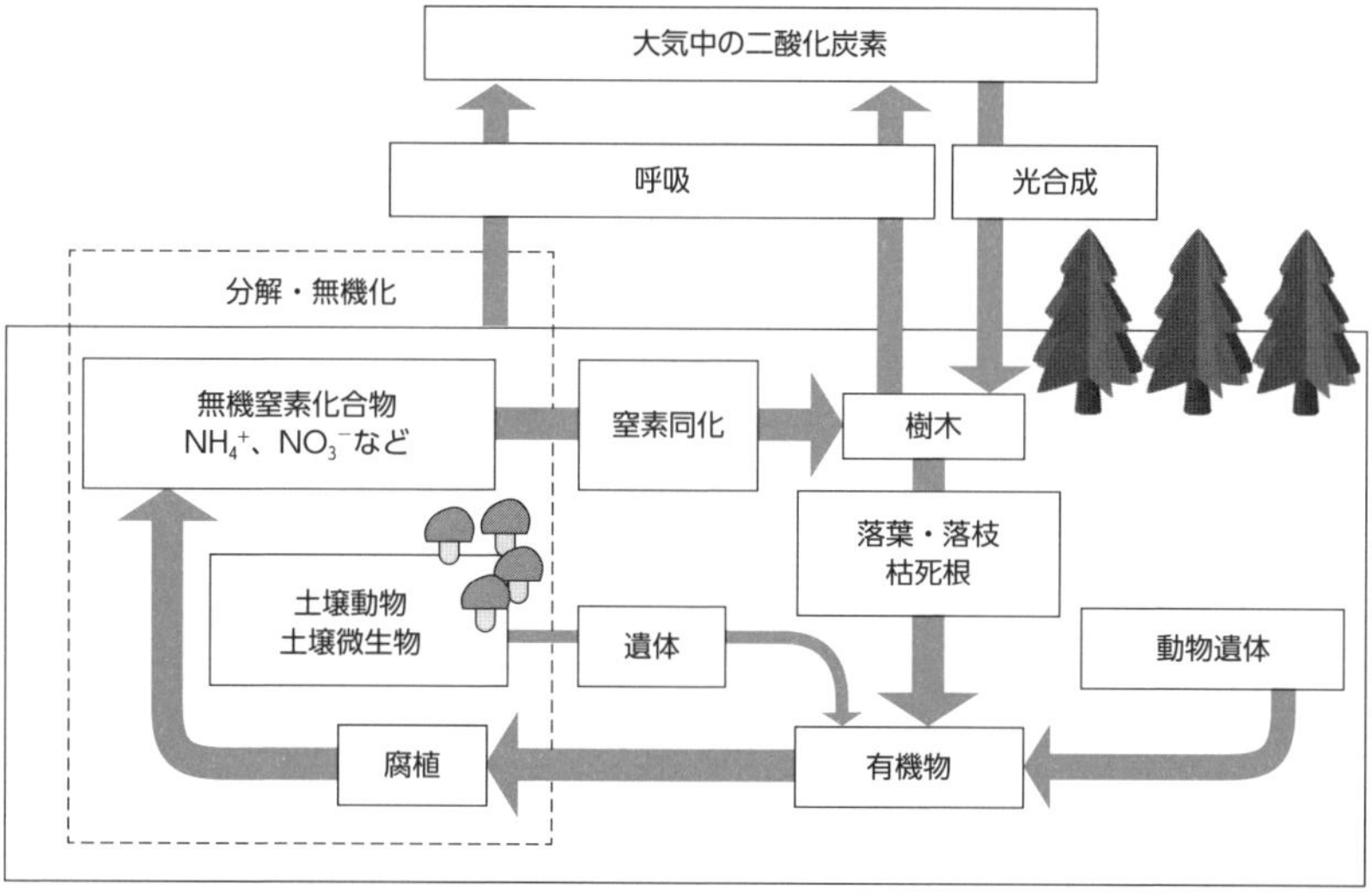

腐植
落葉・落枝などが微生物により分解されて形成される物質で、土壌固有の暗色・無定形の高分子有機化合物。植物などが微生物による分解を経て形成される最終生成物で、フミン酸、フルボ酸、ヒューミンからなる。

団粒構造
土壌の微細粒子が集合して微小な塊をなした状態。通気・通水性が高く、水分をよく保持し、土壌微生物の活動に適する。団粒が粗にいくつか集まった状態。

6 森林微生物の働き

樹木と菌類の切っても切れない関係

森林には多様な微生物（菌類・細菌類など）が棲息しています。森林微生物は、そこに棲むほかの植物や動物に対して様々な形で働きかけます。植物の落葉・落枝や動植物遺体を分解する「分解者」としての機能はよく知られていますが、生きた植物と共生関係を結ぶ「菌根菌」と呼ばれる菌類も存在し、ほとんどの種類の樹木と共生関係にあると考えられています。

菌根菌は、樹木の根の細胞内や細胞間に菌糸を伸ばし、菌根を形成し、自らが根の延長のように働くことで土壌中の養分や水分を樹木に送っています。樹木はその見返りに、光合成によって生産した糖類を菌根菌に分け与えています。樹木が利用する土壌中の養分の中でも、特に、リンのほぼすべてを菌根菌に依存しており、菌根を形成しない植物は育たないと考えられています。

菌根はいくつかのタイプに分けられており、スギやヒノキなどは**内生菌根**の一種である**アーバスキュラー菌根**を形成します。一方、カラマツやアカマツ、クロマツなどのマツ科樹木、ブナ科やカバノキ科などの広葉樹は**外生菌根**を形成します。これらのタイプは形成される菌根の構造が違うだけでなく、共生する菌根菌の種もまったく異なります。

キノコの一種である、テングタケやタマゴタケなどは外生菌根菌の子実体です。これらの子実体があれば、その地下部には外生菌根菌の菌糸が存在していて、近くの樹木を宿主としてつながっています。

目にみえない菌類が森をつくる

樹木と菌根菌の共生関係は、1本の樹木に1種類

用語

内生菌根
菌根菌の菌糸が根の皮層の組織の細胞内に入り込み、共生関係をもつタイプの菌根の総称。

アーバスキュラー菌根
内生菌根の一種。かつてはVA菌根と呼ばれたが、嚢状体《のうじょうたい》をつくらない種類も存在することから近年ではアーバスキュラー菌根と呼称される。

外生菌根
菌根菌の菌糸が根の回りに菌鞘《きんしょう》を発達させ、かつ根の皮層の組織の細胞間隙に入り込み、共生関係をもつタイプの菌根の総称。

の菌根菌がついているとはかぎりません。形成した菌根からまた新たな菌糸（根外菌糸）が伸び、次の共生相手を探すためです。例えば、成木から種子が近くに落ち、発芽したとします。すると、成木の菌根から伸びている根外菌糸が、発芽した稚樹の根で新たな感染を起こし、成木と稚樹の間は菌糸でつながります。このような菌糸の働きを「菌糸ネットワーク」といいます。

　菌糸ネットワークは同じ樹種だけでなく、異なる樹種の間にも形成されます。地上からみると、1本1本の樹木は独立して生えているようにみえますが、地下で菌糸ネットワークを介して樹木同士がつながっているのです。

　このように、複数の樹種に複数の菌根菌が複雑に共生することで、森林生態系は保たれています。そして、菌根菌をはじめとする地下部の微生物が樹木の根に集まって、はじめて樹木が大きく成長できることを考えると、目にはみえない菌類が森をつくっているともいえるのです。

植物と菌根菌の共生関係

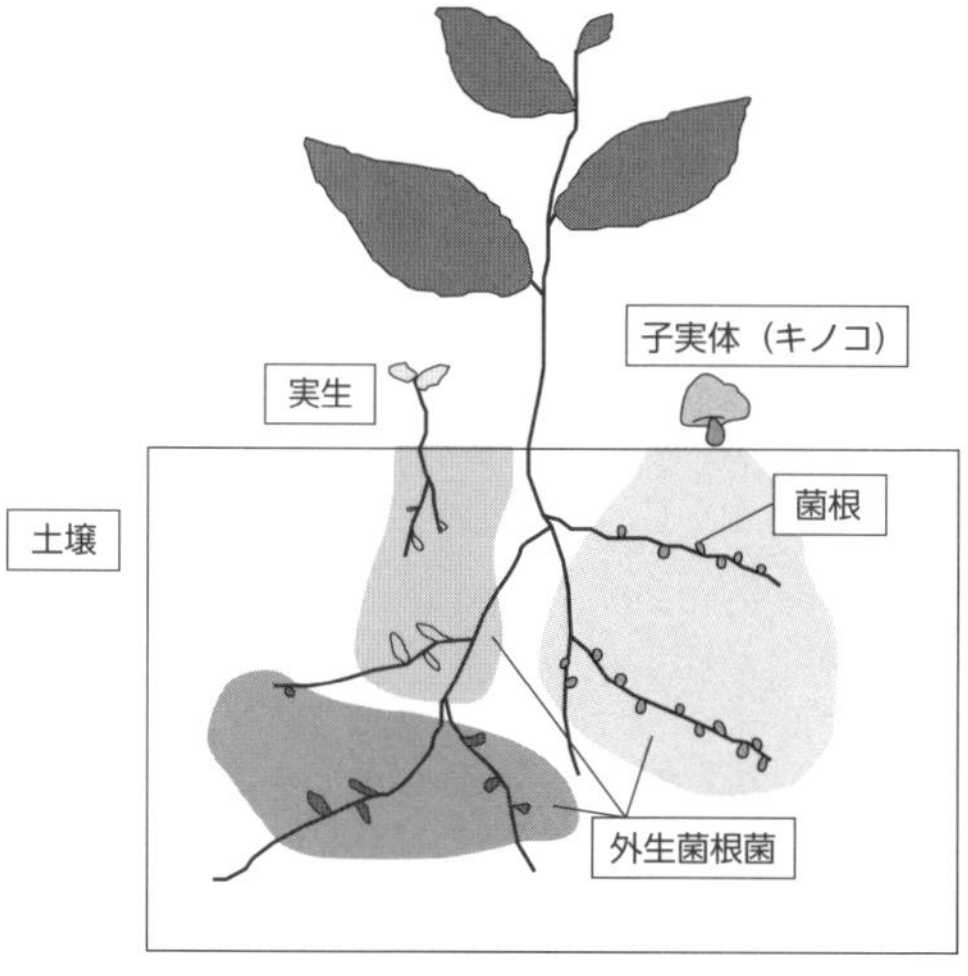

菌根菌が植物の根と共生して、地下で菌糸ネットワークを形成している。

7 「砂漠化」への取り組みと課題

「砂漠化」とは何か？

「砂漠」と「砂漠化」という、一見似たような用語には大きな違いがあります。「砂漠」は、地球の長い歴史の中で、主に地理的な要因によって形成された環境です。一方「砂漠化」とは、砂漠がさらに拡大していく現象です。

砂漠化の原因は、地球規模での気候的要因と、自然の許容限度を超えた人間活動による人為的要因とに大きく分けることができますが、約9割が人為的な要因によるといわれています。

気候的要因では、地球規模での温暖化、あるいは広域的な海面水温の変動に伴って、それまでの気候あるいは大気循環に変動が生じ、乾燥地域において雨の量がさらに少なくなり、ついには、そこでは植物が育たない環境となって砂漠化が進行します。

一方、人為的要因には、過放牧、**薪炭材**《しんたんざい》の過剰採集、過開墾、農地の不適切な水管理による**塩類集積**などが挙げられます。また、その背景には、砂漠化地域周辺の人口増加と住民の貧困という社会経済的な要因が横たわっています。

砂漠化防止に対する国際的な取り組みは、1968～73年にかけてアフリカのサヘル地方を大規模な干ばつが襲い、多くの餓死者や難民が出たことを契機として開始されました。

77年に**国連砂漠化防止会議**が開催され、**砂漠化防止行動計画**が採択されました。このとき、「砂漠化」という用語も定義されました。しかし、地域を限定せず、解釈に混乱を招いたことから、1992年にブラジルのリオデジャネイロで開催された**地球サミット**で地域を特定し、「乾燥、半乾燥地および乾燥半湿潤地域において、気候変動および人間の活動

用語

薪炭材
→65ページ

塩類集積
土壌表層に塩類が集積する現象。その後の農業生産等を阻む。

国連砂漠化防止会議
世界各地で進行する砂漠化を抑制することを目的として、各国の専門家をケニアのナイロビに招聘《しょうへい》し開催された会議。1977年に開催され、緑化計画のための特別基金の要請等を決議。

砂漠化防止行動計画
砂漠化に関係する地域および国レベルにおける科学的・技術的・行政的な体制を確立することなどにより、砂漠化に対する効果的・総合的かつ調整された行

など、様々な要因に起因する土地の劣化」と再定義されました。つまり、「砂漠化」には極乾燥地（砂漠）で起こる植生・土壌の劣化は含まれていません。

なお、96年に国連によって、**砂漠化対処条約**が合意・発効され、日本は98年に批准しています。

メスキートの脅威

アフリカのスーダンに、砂漠化防止を目的として導入された植物に、南米原産のメスキートと呼ばれるマメ科の灌木があります。繁殖力が旺盛で、成長も早いことから、砂漠化地域の救世主として大いに期待されました。ところが、導入を進めるうちに、その驚異的な繁殖力が問題になりました。最大で主根は80m、横に伸びる側根は30mにまで達し、貴重な地下水を吸収してしまうのです。

これまでスーダン政府は日本の研究者とも共同で、メスキートの有効利用を伴う駆除対策を模索してきました。しかし、いまだに抜本的な解決策は示されていません。

「砂漠化」に関わる様々な要因

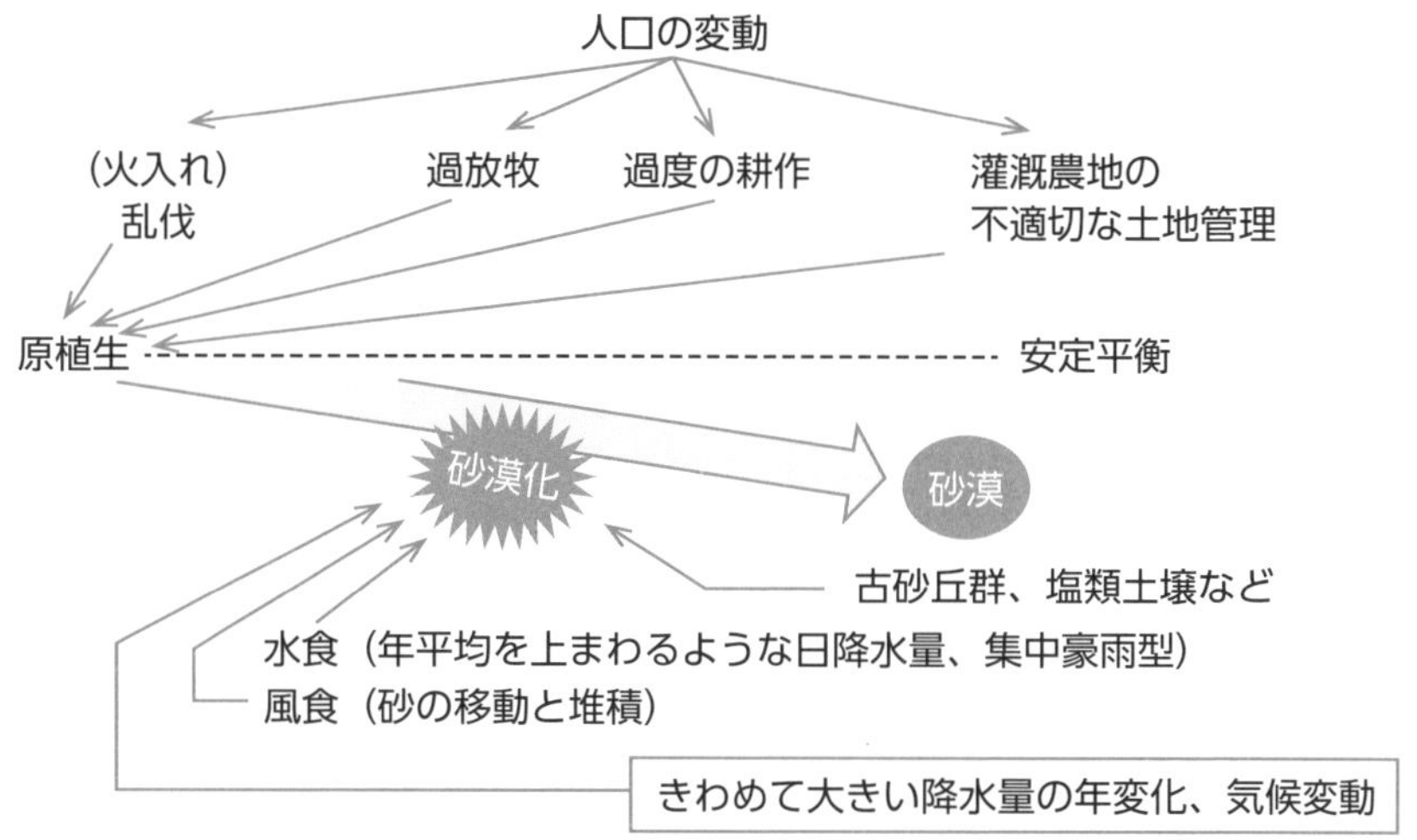

資料：根本正之『砂漠化ってなんだろう』（岩波書店 2007年）

動プログラムの推進を目指す行動計画。1977年の国連砂漠化防止会議で採択。

地球サミット 正式名称は「環境と開発に関する国連会議」。「国連気候変動枠組条約」や「生物の多様性に関する条約」の署名が行われ、「森林に関する原則声明」等も採択された。

砂漠化対処条約 正式名称は「深刻な干ばつまたは砂漠化に直面している国（特にアフリカの国）における砂漠化の防止のための国連条約」。砂漠化や干ばつ問題に関する国際的な連携と協調について定められた。締約国は196か国・地域＋EU（2022年12月現在）。日本では1998年12月に発効。

8

管理が必要な人工林

自然がつくる天然林と人がつくる人工林

既にみたように森林には、自然がつくった**天然林**と、人がつくった**人工林**の2種類があります。日本には約2500万haの森林が存在しますが、その約4割に当たる1000万haを人工林が占めています。私たち日本人は、生活の様々な局面で木材を利用して暮らしています。そのため、天然林にも人工林にも古くから関わりをもち、親しんできた歴史をもっていますが、有史以来、木材利用が比較的容易な人工林を多く造成してきました。

人工林は人の手によるケアが不可欠

人工林は、自然の摂理による森林の成立とは異なり、人が決めた植栽密度によってつくられます。例えば、スギやヒノキの人工林では、一般に1ha当たり3000本、アカマツ林では、1ha当たり6000~1万本の密度で植えつけられます。

植栽密度の違いは、樹木ごとに異なる日光の要求度や枝葉の発生する生理的な性質を考慮してのことです。また、適切な植栽密度を守ることで樹木がすくすくと育ち、早めに成林になることによって木陰ができ、下草を生えにくくするという効果もあります。

人間の都合によって樹種が選ばれ、植栽された人工林は、自然の摂理とは異なる森林です。そのため、本来、自然界ではみられない植栽密度でスタートさせ、一定の森林の姿になるまでには、人の手によるケア（保育）を施して育成することが必要になります。少なくとも数十年間は、人がその成長を支えていく必要があります。

しかしながら、植栽後の様々な社会的事情により、人の手が入らなくなった人工林、いわゆる「放置

用語

天然林
成立過程が主として自然の力による森林。人の手が入っていない森林を指す概念ではなく、伐採や苗木の植栽等、人の手が入っても、成立の過程が主として自然の力による森林。なお、伐採等の人工的撹乱をほとんど受けていない森林を「原生林（一次林）」という。

人工林
更新・植栽段階を人為的に行い成立した森林。日本では1960年代までの拡大造林政策により急速に増加。全森林面積の約40%を占める。

林」が全国各地で増えています。それは、例えば、木材価格の低迷などによって森林経営が行き詰まり、適正な保育をし続けることが困難になってしまった、などの理由が挙げられます。

人の手が加わらなくなった人工林はどのような状態になるのでしょうか。

写真①は、山地に植栽されたまま、数十年にわたって手入れがされず、放置されたヒノキ人工林です。暗くなった**林床**には光が届かず、植物も生えないため、土壌も流亡しやすくなります。

一方、写真②は、長年にわたり、きちんと間伐や枝打ちなどの手入れがされてきたヒノキ人工林です。木陰をつくりつつ適度に日光も差し込み、様々な種類の天然の広葉樹や**草本植物**が林床に生育し、土壌、水分を保った、生物相の豊かな森林になっています。

森林を人間の社会にたとえれば、放置林は、まさに〝育児放棄〟ともいえる現象です。人間社会の都合で植えられた人工林は、ずっと人が手をかけてやる必要があるのです。

手入れの有無による人工林の比較

① 山地に植栽されたまま、数十年にわたって手入れがされず、放置されたヒノキ人工林。

② 長年にわたり、きちんと間伐や枝打ちなどの手入れがされてきたヒノキ人工林。

林床
↓44ページ
草本植物
↓54ページ

9 樹木とは何か？

意外と難しい樹木と草の線引き

森林の主要な構成要素で、林業の生産物である樹木は、どのような特徴をもつ植物なのでしょうか。「樹木とはどんな生き物か?」と問われて、想像できない人はいないでしょう。自然林のブナやカエデ類、神社の御神木となっているクスノキやスギ、農家の屋敷の周りを囲うシラカシやケヤキなどの大木を思い浮かべるかもしれません。

一般に、樹木を**木本《もくほん》植物**、樹木以外の植物である草を**草本《そうほん》植物**として区別していますが、その境界はあいまいで、明確に線引きすることは難しいのです。

また、樹木というと「背が高い」とイメージする人は多いと思います。一般に、樹高が10mを超える樹木を「高木《こうぼく》」、それ以下を「低木《ていぼく》」と呼びますが、ここで問題になるのは、低木と草の違いです。

木本植物にも、ジムカデやヤブコウジなど地面を這う低木は多く、逆に草本植物でもオオイタドリやミヤマシシウドなどは高さ4mを超える草原を形成します。つまり、体の大きさで樹木と草を区別することはできないということになります。

細胞レベルでは樹木と草を判断できる？

植物の細胞が動物の細胞と大きく異なる点として、細胞壁をもっていることが挙げられます。

植物の細胞が成熟していくと、徐々に細胞壁に**リグニン**が蓄積し、強度を増していきますが、この過程を「木化《もくか》」と呼んでいます。木化によって茎や根が強度を増し、植物は体を支えることができるようになるのです。

では、「木化した硬い細胞壁をもつ植物」を樹木といってよいのでしょうか。実は、**高等植物**では、

用語

木本植物
木部の発達が著しく、その細胞壁が木化して強固になり、地上茎が多年にわたって生存し続ける生物。

草本植物
一般に、木部がほとんど発達せず、茎が軟らかな植物。地上部のみが枯れて地下茎の残るものは多年生草本と呼ぶ。

リグニン
木材の主要成分であり、20～35%を占める物質。セルロースやヘミセルロースのすき間に沈着し、木化に関与する高分子の天然フェノール性化合物。

高等植物
体が根・葉・茎の三器官に分化した植物群。

すべての植物が程度の差こそあれ、リグニンをつくり、細胞壁を木化させています。ですから、細胞レベルで考えても、樹木か草かを判断することはできません。

植物体の成長の仕方で判断できる?

樹木とよく似た植物にタケがあります。高木並みに高く成長し、かつ木化するのですが、茎の成長点の**休眠芽**が地中または地表近くに留まり、地上高くに形成されることはありません。これは草本植物に共通する特徴で、気候に季節性のある温帯以北では、地上茎はおおむね毎年つくり直されます。タケも3年以上経つとしだいに枯れてしまいます。

一方、樹木は地上茎の先端や**葉腋**《ようえき》など、地上に休眠芽をもちます。すると、分裂組織が活発に細胞分裂を行い、地上茎が毎年伸長していきます。と同時に、地上茎の表皮の内側にも分裂組織がつくられ、その内側には**木部**が形成され、外側には**師部**が形成されます。結果、地上茎は肥大して幹が発達し（肥大成長）、春につくられる道管と秋につくられる道管との大きさの違いが、年輪という模様となって現れることになります。

こう考えると、「茎や根の細胞壁の木化」と「肥大成長」の2点を併せもつ植物を樹木といっても間違いではなさそうです。

しかし、これにも例外があります。熱帯地域のように1年を通して気候が大きく変わらない地域では、たとえ休眠芽が地中または地表面に留まっていたとしても、複数年にわたって地上茎が成長を続け、肥大成長までしていく草本植物も存在するのです。セイタカアワダチソウも、温暖化の影響からか、日本でも冬になっても地上茎が枯れず、翌年も成長を続けている個体がしばしば観察されています。

植物の形態はひじょうに多様で、明確なグループ分けができないケースがよくあります。そうした多様な植物の中から、私たち人類は自分たちの生活に有用な木材になる樹木を選び出し、利用しているのです。

一般に種子植物とシダ植物を指す。

休眠芽 成長や活動を一時的に停止している芽。ほかの器官に覆われ、外からはみえないことが多い。

葉腋 葉が茎と接する部分。葉のつけ根。

木部 形成層の活動によって樹心側に形成された細胞群。いわゆる〝木材〟をなす部分。茎および根の強度を確保し、水分通導に役立つ。

師部 維管束植物の主要な同化栄養分通導組織。一般に木部と関連して存在し、樹皮の内側にあり、葉が光合成によって生産した炭水化物を樹木の各部に輸送する役割をもつ。

10 様々な樹木

～針葉樹と広葉樹、常緑樹と落葉樹～

針葉樹と広葉樹の違いは葉だけではない

樹木は葉の形によって「針葉樹」と「広葉樹」に分けることができます。針葉樹は、マツのような針状の葉や、スギやモミのような線状、またはヒノキやサワラのような鱗片《りんぺん》状の葉をつける樹木。広葉樹はサクラやブナ、コナラ、カエデなどのような平たく幅の広い葉をつける樹木と理解されています。

しかし、イチョウは扇形の幅広い葉をもち、マキの仲間のナギも長さ6cm、幅2cmほどの長楕円形の葉をもつのに、それぞれ植物学的には針葉樹に分類されます。逆にギョリュウなどのように、細い鱗片状の葉をもつのに広葉樹に分類される樹種もあります。実は、針葉樹と広葉樹の分類は、必ずしも葉の形のみの分け方ではないのです。植物学上、成長して種子になる**胚珠《はいしゅ》**がどのような状態であるかによって、針葉樹と広葉樹に区別されます。つまり針葉樹は「裸子植物」に、広葉樹は「被子植物」にそれぞれ分類されるのです(※1)。

裸子植物である針葉樹は胚珠がむき出しになっていて、直接精子と受精し、果実をつくらずに「マツボックリ」に代表されるような球果をつけます。対して被子植物である広葉樹は、胚珠が果実のもとである子房に包まれていて、花粉が子房について花粉管を伸ばして受精します。

より厳しい環境に対応する針葉樹

全世界に20万種以上の広葉樹があるのに対し、針葉樹は約500種しかありません。これは針葉樹が、北方や高地といった、より厳しい環境条件の下に生育しているからでしょう。

意外かもしれませんが、針葉樹は同じくらいの樹

用語

胚珠
雌性生殖葉である大胞子葉（被子植物では心皮）についた雌性生殖器官。胚を包んだ胚珠は成熟すると種子になる。

※1　イチョウは典型的な裸子植物。ギンナンの種子のまわりの臭い果肉のようなものは、胚珠の外皮が肉質化したもので、果実とは異なる。

高の広葉樹に比べて、おおむね葉面積が広いのです。幹の低いところ、樹冠の懐深いところにまで葉をつけ、弱い太陽光線を確実にとらえ、光をむだなく利用することによって、広葉樹よりも効率のよい光合成を行っています。またスギなどをみればわかるように、針葉樹は無用に枝葉を広げずに、おおむね細身のスマートな樹形をしています。これは積雪に耐えるための進化といえるでしょう。

常緑樹と落葉樹の分類

針葉樹も広葉樹も冬期の葉の有無で、常緑樹と落葉樹に分類されます(※2)。落葉樹は冬は寒さや乾燥などで葉を維持することができないので、樹木体を守るために自ら葉を落として休眠期に入ります。ヤマツツジのように暖地では常緑、寒冷地では冬場に葉を落とす「半常緑(半落葉)」の種類もあります。

ただし、常緑樹も当然落葉します。落葉樹のように一斉に落葉しないので、見た目では1年中青々と葉がついているようにみえるのです。

主な針葉樹と主な広葉樹

針葉樹	広葉樹
アカマツ、アスナロ、イチイ、エゾマツ、オオシラビソ、カイヅカイブキ、カヤ、クロマツ、コウヤマキ、コウヨウザン、サワラ、スギ、ツガ、ドイツトウヒ、トドマツ、ツガ、ナギ、ヒノキ、ヒバ、ヒマラヤスギ、ラカンマキ、リュウキュウマツ、イチョウ、カラマツ、メタセコイア、ラクウショウ	アラカシ、ウバメガシ、カナメモチ、クロガネモチ、ゲッケイジュ、サザンカ、サンゴジュ、シマトネリコ、シラカシ、スダジイ、ソヨゴ、タブノキ、タラヨウ、ツバキ、ネズミモチ、ヒイラギ、ホルトノキ、マテバシイ、モクセイ、モチノキ、モッコク、ヤマモモ、ユズリハ、アカシデ、アキニレ、イヌシデ、ウメ、エゴノキ、エノキ、エンジュ、カエデ類、カシワ、カツラ、ギョリュウ、キリ、クヌギ、ケヤキ、コナラ、コバノトネリコ、コブシ、サクラ類、シナノキ、シラカンバ、センダン、トチノキ、ナツツバキ、ナナカマド、ハナミズキ、ハルニレ、ハンノキ、ブナ、プラタナス、ポプラ、ミズナラ、ムクノキ、ムクロジ、モクレン、ヤマボウシ

※色字は常緑樹、黒字は落葉樹

※2　落葉針葉樹は種類が少なく、日本にはカラマツやメタセコイアなどしか存在しない。

11 樹木の成長と年輪の関係

樹木は一般に長命で、枯死するまで成長を続けます。アメリカのカリフォルニア州に生育するブリッスルコーンパインなどは樹齢が約４６００年と推定されています。また、大きな樹木としては、同じくカリフォルニア州に生育するセコイアは重量が約６万t以上もあるそうです。

樹木は、どのように成長しているのでしょうか。

樹皮のすぐ下で細胞がつくられ、太くなる

植物の成長の仕方について、草についてては学校である程度習いますが、樹木についてては多くの人が習っていないかもしれません。草は茎や根の先端にある**頂端分裂組織**が分裂することで上に向かって大きくなります。一方で、樹木の場合はさらに**形成層**という放射方向（太る方向）に大きくなる細胞群がありります。この形成層は木部と樹皮の間にあり、幹の全体を薄く覆っています。その形成層で分裂した木部の細胞を内側に押し込み、形成層自体は外へと移動することで幹が太っていきます。

日本のような季節変化が明瞭な地域では、分裂の活発な時期と停止する時期とがあります。また、成長する時期においても分裂する細胞の寸法や種類が変化することで1年に1層の、横断面でみると同心円状の縞模様が形成されます。それが年輪です。

一方で、季節変化が明瞭ではない熱帯地域に生育する樹木には年輪ができないため、どのような周期で成長しているか知られていない樹種もあります。

年輪からわかる樹木の生育条件

樹木の年輪でいろいろなことがわかります。例えば、年輪幅の広い・狭いは生育条件の良・不良を意味しています。生育条件の中で、特に気候による影

用語

頂端分裂組織
植物の枝・根などの成長点にみられる分裂組織。伸長成長を行う幹や根の先端では頂端分裂組織の細胞は活発に分裂し、新しくつくられた細胞を下方に押し出し、自身は上方に押し上げられる。

形成層
高等植物の維管束の木部と師部との境界に存在する分裂組織。二次木部と二次師部の間にあって二次組織を形成するため、維管束形成層とも呼ばれる。

響は周辺地域に生育するすべての樹木におよぶため、一定地域内に生育する、少なくとも同一樹種では、年輪幅に共通した変動があることが知られています。樹木は生育場所が変わらず数十年から数百年、それ以上も生きるため、気候による影響をそれだけ長い期間にわたって年輪として記録しつづけています。しかも、その記録は1年単位という精密さですので、地球の歴史を知るうえで貴重な資料となります。

なお、切り株をみて、年輪の幅が広い方が南という俗説がありますが、「日光が当たりやすい」=「生育条件がよい」というわけではありません。間違いですので、参考にしないでください。

樹木の年輪を年代測定に利用する

年輪の変動をものさしとして様々な分野に応用するのが、「樹木年輪年代学」です。「年輪年代学」「年輪年代法」とも呼ばれます。森林や樹木に関する学問分野のみならず、気候学や考古学などからも期待されています。

気候学の分野では、近年の地球規模での温暖化現象について検証するために必要な気象データの代替データとして樹木年輪を用いています。その際には、極地の氷床や巨大サンゴの骨格にある縞模様とともに検証して気候復元や予測が行われています。

また、考古学の分野では、年輪の幅だけではなく年輪内に閉じ込められた**炭素14**をものさしとして、様々な物の年代を推定しています。

樹木の断面

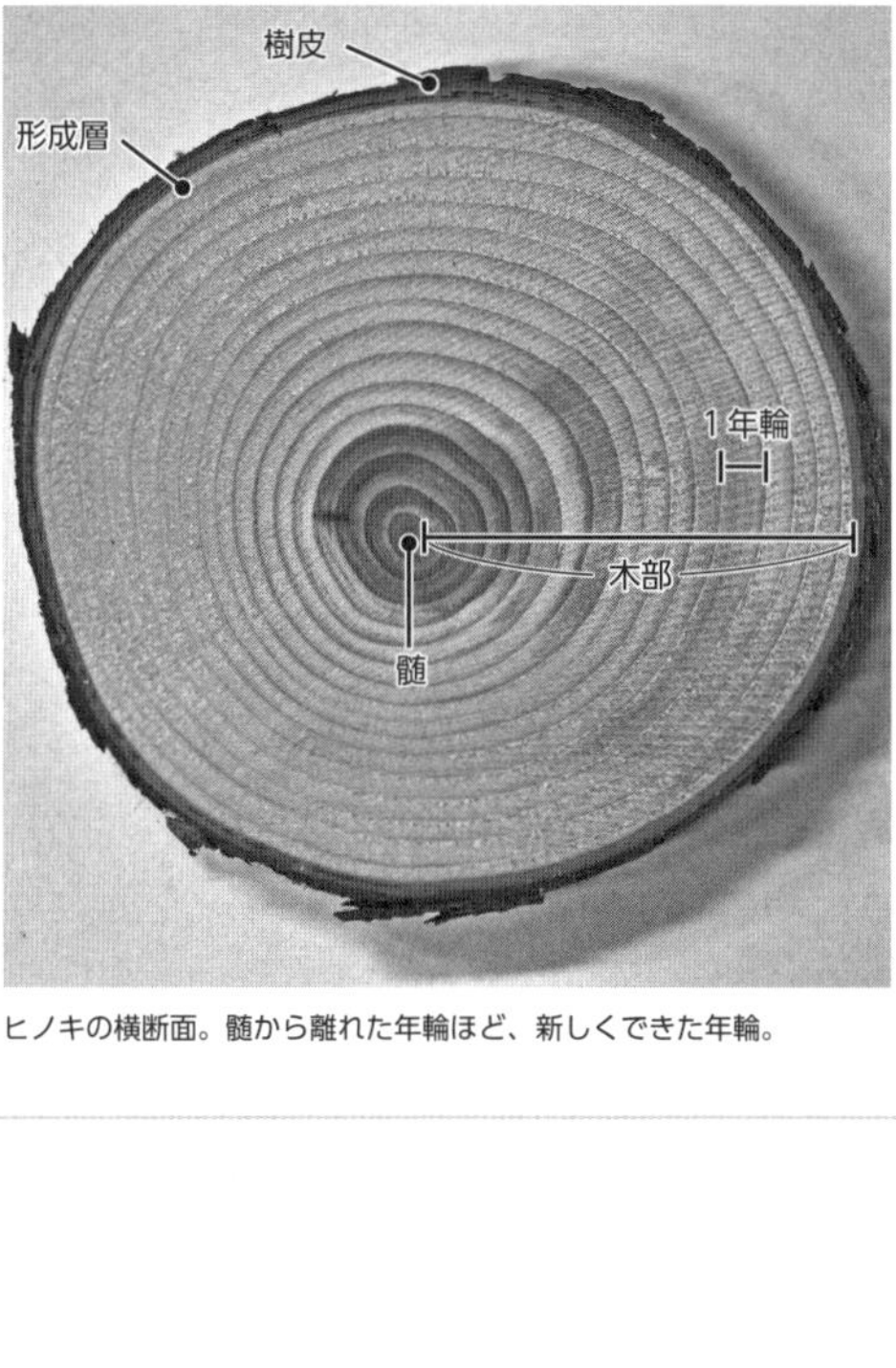

ヒノキの横断面。髄から離れた年輪ほど、新しくできた年輪。

炭素14
炭素の放射性同位体。地球上の動植物体における炭素14（^{14}C）の存在比率は、死ぬまで変わらないが、死後は新しい炭素が補給されなくなる。炭素14の半減期が約5730年と長いため、炭素14の存在比率を調べることで年代測定が可能となる。

12 樹木の病気が社会に与える影響

植物の病気が国の歴史や文化を変えたことも

人間がウイルスによってインフルエンザにかかるように、樹木を含む多くの植物もウイルスによって病気にかかります。ウイルス以外の細菌類や糸状《しじょう》菌《きん》類の中にも、樹木を含む植物に寄生し、病気を引き起こすものがいます。こうした植物の病気は、私たち人間の生活にも様々な影響を与えます。

まず考えられるのは、食料となる農産物がかかる病気です。農産物の病気は、農薬など、病気を防ぐための手段が発達してきた現在でも、全世界の農産物生産量の1割以上に損害を与え、その経済損失は16兆円程度と見積もられています。さらに、過去には世界的に大きな社会問題にまで発展したものもあります。たとえば、1845年にアイルランドで発生した**ジャガイモ疫病《えきびょう》**です。この病気の影響により、その地域のほとんどでジャガイモの生産ができなくなった結果、100万人以上の餓死者を出し、150万人以上が北米大陸へ移住しました。国の運命まで変えたといっても過言ではないでしょう。

また、イギリスではスリランカ産のコーヒーが飲まれていましたが、1860年代に入って、**コーヒーさび病**の流行により、コーヒーノキが壊滅的な被害を受けました。その後、スリランカではコーヒーノキに替わりチャノキ栽培が盛んに行われ、イギリスでは紅茶が飲まれるようになりました。

このように、植物の病気は大きな社会問題を引き起こし、その国の文化や生活習慣までも変えることがあるのです。

懸念されるマンサク葉枯病と長年続く松くい虫被害

最近、日本でも樹木の病気による大きな問題がい

用語

ジャガイモ疫病
植物病原菌 *Phytophthora infestans* によって引き起こされるジャガイモの病気。本病原菌は1840年ころにメキシコや南米からヨーロッパへ侵入したと考えられている。これまでの研究から、本病原菌にはいくつもの系統があり、その中には、トマトに寄生可能な系統も知られている。

くつか起きています。その1つに日本を代表する樹木であるマンサクの病気があります。マンサクは2月から3月にかけて黄色の花をつけますが、茶道の世界では茶花として用い、また、その花の美しさから、個人宅では観賞用樹木として利用されてきました。また、世界遺産にも指定されている岐阜県白川郷の建築部材の接合部にはマンサクが結束材として用いられています。

　このマンサクが全国的に消滅の危機に瀕しています。原因は糸状菌が引き起こす**マンサク葉枯病**です。現在では、北は青森県、西は広島県、南は高知県にまで拡大しています。

　この病気は、5月下旬よりマンサクの葉の葉柄《ようへい》に近い部分を黒色に変化させ、その後、葉全体に急速に拡大し、褐色となり枯死させます。6月下旬にはマンサクの葉は枯れ落ちて、樹勢は衰え、これが何年か続くと樹木そのものが枯死に至ります。現在も多くの研究者によって、病気を防ぐ手立てが考えられていますが、根本的な解決には至っていません。

　また、マツの松くい虫の被害も長年問題になっています。マツノマダラカミキリに運ばれたマツノザイセンチュウが樹体内に入り込むと内部で繁殖して樹体を弱らせます。１９８０年前後に大発生しました。被害量は減っているものの、継続して防除が進められています。

マンサク葉枯病にかかった葉の様子

マンサクの葉の葉柄に近い部分を黒色に変化させる。その後、葉全体が褐色になり樹勢は衰え、これが何年か続くと、樹木そのものが枯死する。

コーヒーさび病
植物病原菌 *Hemileia vastatrix* によって引き起こされるコーヒーノキの病気。この病原菌は絶対寄生菌で、生きた宿主上でしか生育できない。近年、中米を中心としたコーヒー生産国で大流行し、経済に大きな影響を与えている。

マンサク葉枯病
植物病原菌 *Phyllosticta hamamelidis* によって引き起こされるマンサクの病気。1887年にアメリカマンサクに寄生する病害として報告され、その後、カナダにおいても報告された。日本では、1999年に報告されて以来、本州を中心に大きな被害をもたらしている。

コラム 1

林業とスギ花粉症

●伐期を迎えた人工林はスギ花粉の宝庫

日本人の3人に1人は何らかの花粉症に悩んでいるといわれ、花粉症は世界的にみて日本人特有の国民病とされています。

代表的なのはスギ花粉症です。スギは風によって花粉を運ぶ風媒花《ふうばいか》植物で、花粉の大きさは30μm、飛散時期は地域により前後しますが、主に2～4月です。スギ花粉を放出する雄花は、7月ごろから形成され始め、11月ごろには雄花の中の花粉が成熟します。その後、雄花は休眠状態に入りますが、冬の寒さに一定期間さらされることで覚醒し（休眠打破）、その後に暖かい日が続くと飛散が早まり、寒い日が続くと逆に遅くなります。

スギが本格的に花粉を生産するのは、植林してから早くて25年、ふつうは30年とされています。戦後、スギの植林を進めてきたことにより、花粉を生産する31年生（Ⅶ齢級）以上のスギ林の面積は2017年で約400万haとなっており、25年前に比べて2倍以上も増加しました。第3章冒頭で紹介するように、いま日本は伐期を迎えた多くの人工林を抱えており、スギ花粉の飛散は今後も増加していくと見込まれます。

●森林の機能を生かしながらのスギ花粉対策

「丸太生産をしないスギ林は、伐採してしまえばよいのではないか？」

スギ花粉症に苦しむ人からそんな声が聞こえてきそうです。ですが、スギは成長性に優れ、加工しやすいという性質をもった主要な木材資源であることに変わりありません。また、人工林とはいえ国土の保全や地球温暖化の防止、水源涵養などの多面的機能を有しており、一度に伐採して植林を行うことは経済的にも環境的にも好ましいものではありません。

そこで進められているのが、スギの伐採後に少花粉スギ品種など花粉症対策のスギ苗を順次植えつけていくことです。こうした苗木は、1999年ごろから植林用として生産されており、2020年にはスギ苗木生産量のうち約5割まで増加しています。

また、大都市周辺のスギ林では少花粉スギの植林とともに、スギの合間に広葉樹を植林する取り組みも始まっています。針広混交林や広葉樹林への段階的な移行を促し、なるべく森林のもつ多面的機能を維持しながら、花粉の少ない森林に転換していくことを企図しているのです。

第3章

林業を知る
～樹木を育てる・収穫する～

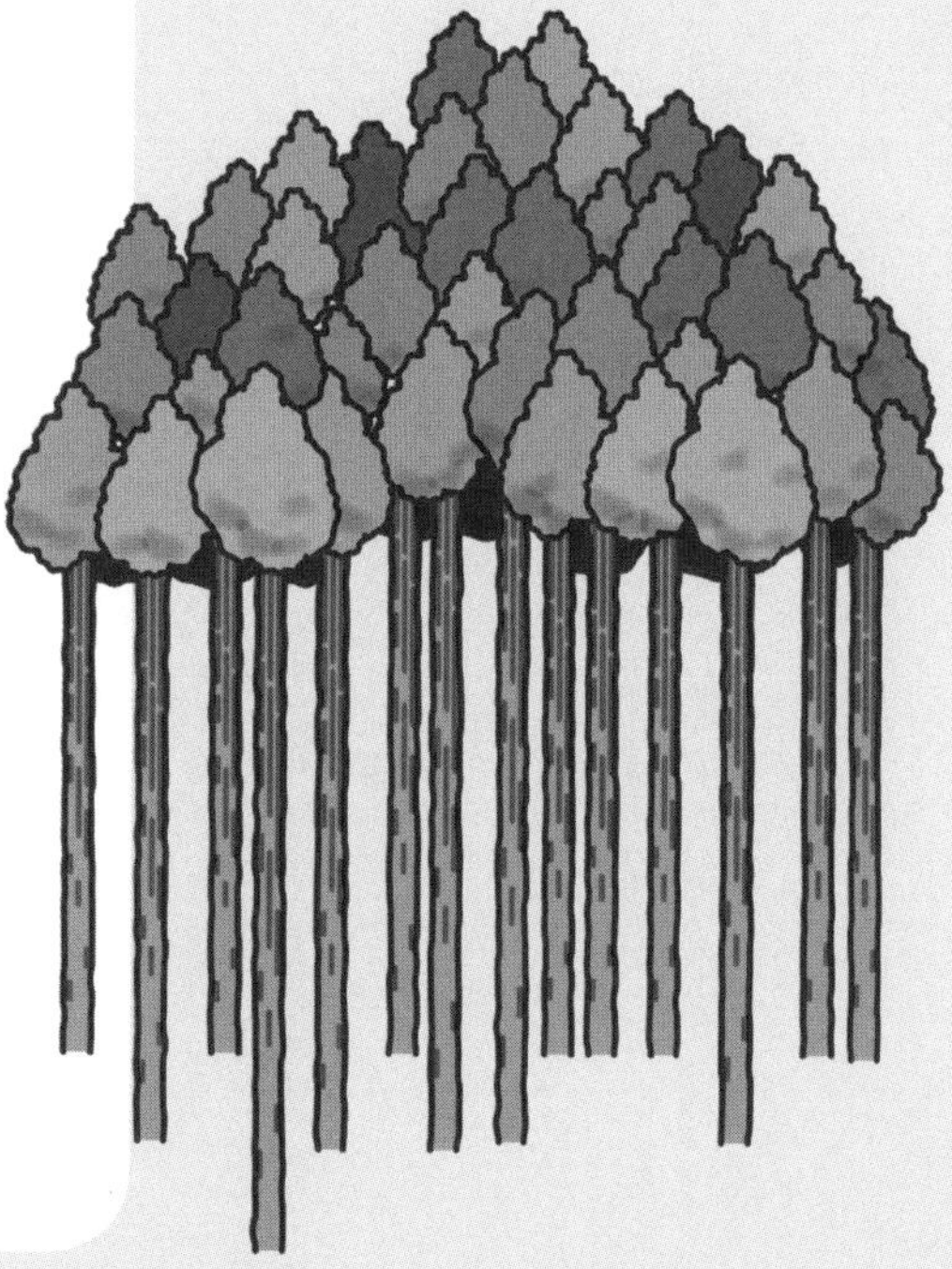

1 伐期を迎えた日本の人工林

日本は先進諸国では珍しい森林大国

日本の森林面積は、国土面積の約3分の2に当たる約2500万haを占めています。このように国土の7割を森林が占めるのは、先進諸国の中ではきわめて珍しいケースです。日本が〝森林大国〟と呼ばれる所以です。

森林について所有形態別にみると、**国有林**が約3割（766万ha）で、残りが**民有林**となっています。その中には個人・会社・神社・寺などが所有する森林（**私有林**）が1439万ha（全森林面積のうち約6割）を占めています。

これら森林面積のうち、約4割（約1000万ha）が**人工林**、**天然林**が約5割（約1300万ha）となっています。樹種別に人工林の面積を概観すると、スギが最も多く（約450万ha）、次にヒノキ（約260万ha）、そして、カラマツ（約100万ha）が続き、広葉樹（約30万ha）、その他の樹種（約150万ha）となっています（2017年）。

消費よりも成長が上回る日本の森林

林業における生産量は、木材の体積（材積）で把握することが一般的です。そして、樹木が生きて森林内にあるうちに測る利用可能な樹木の体積を「森林蓄積」と呼び、これを把握することによって木材生産量を推定することが可能となります。

また、森林の成長量は毎年増加するので、毎年の成長量分を超えない伐採は森林の蓄積を減らさないこととなり、循環型の森林利用を図るうえで有効な指標となります。

日本の森林蓄積をみると、森林面積約2500万haの総森林蓄積は約52億㎥（2017年）。日本の

用語

国有林
所有による森林区分の1つ。国が所有する森林および原野など。国有林野の面積は約760万haあり、国土の約2割、森林面積の約3割を占める。

民有林
所有による森林区分の1つ。日本においては、国有林以外の森林。私有林と公有林とが含まれる。

私有林
所有による森林区分の1つ。日本の森林は、所有形態別には国有林と民有林に大別され、さらに民有林は公有林と私有林とに区別される。

人工林
→52ページ

年間木材需要量（**用材**＋**薪炭材**＋シイタケ原木）が約８１８５万㎥（17年）なので、日本の森林にはおよそ65年分の木材資源が存在していることになります。

17年時点における日本の森林の成長量は約７０００万㎥ですから、年間の木材需要量に近い森林が毎年成長しています。同年時点における国産材の利用量は約２７１４万㎥なので、毎年４分の３の森林の成長量分が利用されずに在庫として森林に蓄積されていることになります。しかし、実際には木材はある大きさ以上でないと利用されにくいので、これはごく単純な計算にすぎません。

齢級別森林面積をみることで、現在、利用可能な量と将来利用可能な量を推定することができます。

日本の人工林における森林蓄積の齢級別面積は図のとおりです。柱材が生産できる41年生以上の面積が約８５０万haと、人工林の約68％が木材資源として利用可能な状態になっています。日本の人工林が、現在いかに充実しているかがわかります。

齢級別にみた人工林面積（2017年）

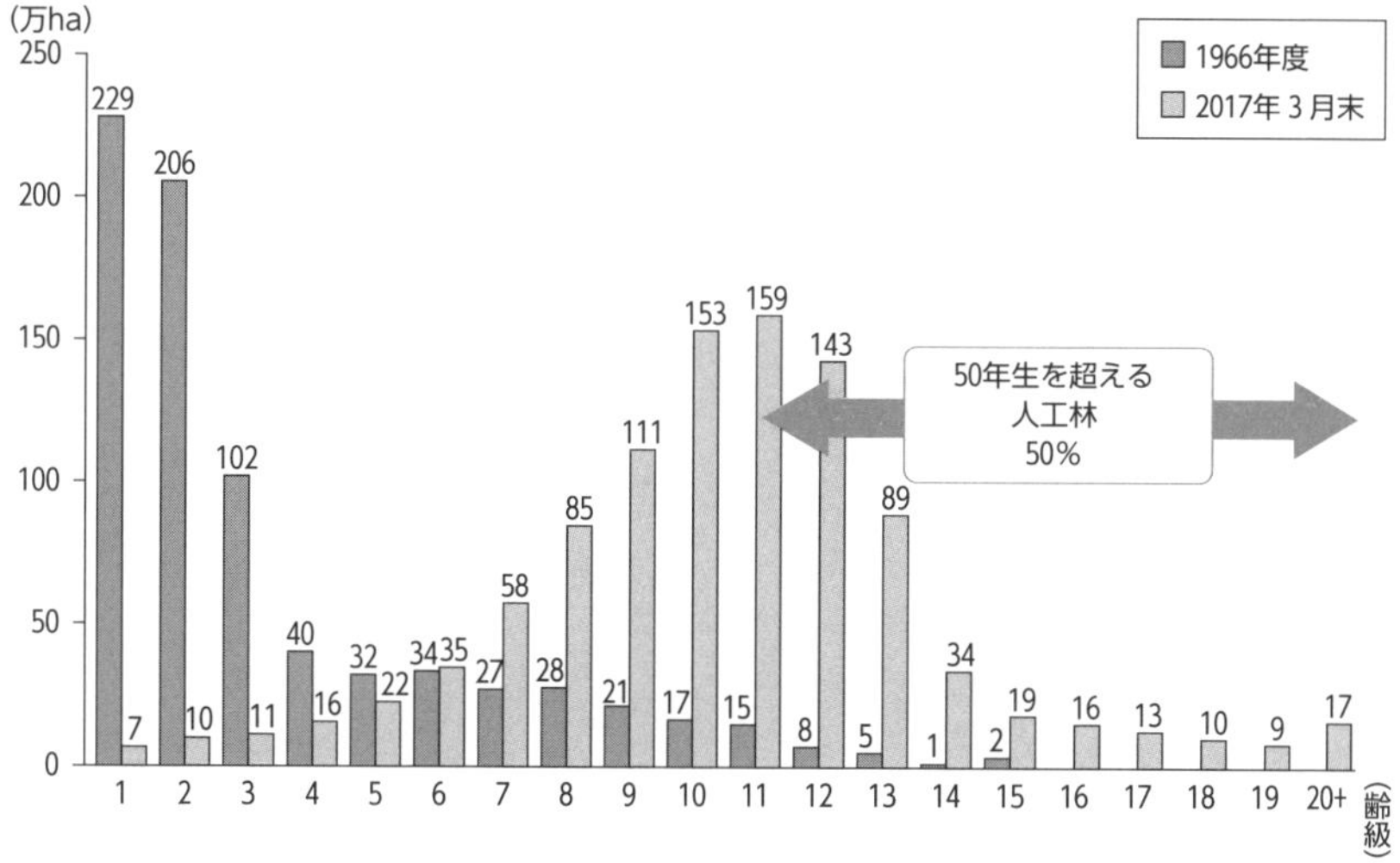

注：齢級は、林齢を５年の幅でくくった単位。苗木を植栽した年を１年生として、１～５年生を「１齢級」と数える。
資料：林野庁「森林資源の現況」（平成29（2017）年３月31日現在）、林野庁「日本の森林資源」（昭和43（1968）年４月）

天然林
→52ページ

用材
建築・工事・家具などの原材料として用いられる木材。製材用材、パルプ・チップ用材、合板用材を含む。産業用材とも。

薪炭材
薪や木炭の材料となる木材。薪炭用材とも。製炭材料のみを指す場合は単に炭材とも。

齢級
林齢を一定の間隔毎に区切ったもの。一般には5年ごとに区分し、林齢1～5をⅠ齢級、6～10をⅡ齢級などとする。表記はⅠ・Ⅴ・Ⅹなどのローマ数字をもって表すことが一般的。

2 持続可能な木材生産

森林資源の使いすぎでかつて文明が滅んだことも

前項で概観したように、日本には豊富な森林資源が存在します。年間の成長量は年間の木材需要量以上にあり、日本の森林資源は、現在のところ十分に利用可能な段階にあるといえます。

しかし、このような森林資源も計画的に利用していかなければ失われ、様々な自然災害にも見舞われます。例えば、過剰な木材利用は、いくつもの古代文明を滅びの道へと誘いましたし、日本でも森林が大きく失われていた戦国時代から江戸時代には、土砂災害などが頻発していました。また、適切に管理されていない手つかずの森林地帯でも、自然災害が起きやすいことが知られています。

森林はほどよく消費し、ほどよく守ることが大切です。その適切な資源利用量を考えるうえで重要な視点が、林業経営の経営原則にもある「保続原則」です。**森林経理学**では「保続原則」に則って森林経営を行うことを「保続経営」といいます。

持続可能な木材生産の基本「保続原則」の考え方

「保続」という概念は、森林資源の利用と残すべき森林資源の量のバランスをとるうえで、森林経営にとって重要です。

「保続原則」とは、木材生産という経済的な面はもとより、それ以外の森林のもつ諸機能を永続的・恒常的・均等に保障・維持できる経営をするための、広範にわたる原則です。要するに、森林からの様々な恵みを、継続的に人々が享受しつづけるための理念なのです。

「保続」が林業経営において重要な理由としては、①樹木を育てるには長い年月を要することから、つ

用語

森林経理学
森林あるいは林業経営に関して計画的な組織化を図り、経営目的の達成を目的とした秩序ある森林施業計画を樹立するための理論と方法を考究する学問分野。

ねに将来の生産を考えなければならないこと、②持続的な木材生産のためには、つねに一定量の蓄積が必要なこと、③森林は個人の財産であると同時に公共の財産でもあり、つねに一定に機能を発揮しつづける必要があることが挙げられます。

ただし、ここで紹介した「保続」という理念は、木材生産を主目的とした森林経営に限定したものです。私たちが森林に期待する多様な機能については、その範疇の外に置かれます。水源涵養機能や、土砂災害防止機能の恒常的発揮など、木材生産以外を主目的とした森林の管理・経営に際しては、それぞれの永続性・持続性を担保する考え方をもたなくてはなりませんし、木材生産とのバランスを考えていく必要があります。これらは、今後の、そして緊急の課題であるといえるでしょう。

ともあれ、森林を構成する主要素である樹木は、いうまでもなく生物ですので、年々成長を続けます。毎年成長する分の一部を活用していくことで、循環可能で、持続的な森林利用が可能となります。

「保続」の考え方の基本分類

「保続」の分類	考え方の基本
木材収穫均等の保続	森林から得られる毎年の木材の量を一定にすること
木材生産の保続	伐採・造林・育林など林業経営が絶えず行われ、将来の木材収穫が保障されている状態
貨幣収穫均等の保続	森林から得られる毎年の収入を一定にすること
林木資本維持の保続	成長量分のみを伐採すること

資料：東京農工大学編『林業実務必携［第三版］』（朝倉書店 1987年）

3 森林を測る ～計画的な木材生産のために～

森林の恵みを持続的に享受しつづけるためには、森林の状態を知り、森林の再生力を超えた利用を控えることです。そのためには、計測をとおして森林の状態を把握することが大切です。

森林を測る作業は、①森林を構成する主要要素である樹木（立木《りゅうぼく》）の測定、②森林そのものの測定の2つに大別することができます。これらを基礎として、気温や降水量、樹木自身の成長力などをかけ合わせることで、森林のもつ潜在的な木材生産能力の測定が可能となります。

立木の測り方

立木を測る際によく用いられるのが、①胸高直径、②樹高、③材積、の3つの尺度です。

①胸高直径の測定　胸高直径とは、計測者の胸の高さ（かつては地際から1・2m、近年では1・3mの位置）における樹幹の直径です。胸高直径は立木の体積を計算する基本となるうえ、継続的な計測から立木の成長の様子を知る手がかりともなります。

②樹高の測定　樹高は、地際から立木の先端部（梢端部）までの高さです。

樹高の測定に際しては、計測者は斜面山側の立木全体がみえる場所に立ちます。次に、自分と立木との水平距離を測ります。その後、目線から梢《こずえ》までの高さと目線から立木の根本までの高さを測り、両者の値を合計することで樹高を得ることができます。

③材積の測定　木材生産において必要なのは、枝葉や梢端部《しょうたんぶ》を除去した後の、木材として利用価値のある樹幹の材積（幹材積）です。幹材積の求め方は、計測の目的や地域によって、様々な方法が考案されていますが、胸高直径と樹高を利用する点が共通しています。

用語

森林の測り方

森林の状態を表す最も基礎的な指標として、①森林面積、②林齢、③立木本数、④平均直径、⑤平均樹高、⑥林分材積が挙げられます。

森林面積は測量によって得られます。林齢とは、一定面積に一斉に苗木を植栽して成立した**人工林**の年齢を表す指標です。日本の林業で一般的な人工林の場合、芽生えからの年数ではなく、苗木を植栽してから計測時までの年数で表します。

立木本数とは、測定する森林内の全立木の合計本数を指します。1ha当たりの本数に換算して表すこともあります。平均直径は、森林内の全樹木の胸高直径を立木本数で割ることによって求めるのが一般的です。平均樹高は、森林内の全立木の合計値を立木本数で割ることによって求めるのが一般的です。

林分材積とは、測定する森林内のすべての樹木の材積の合計を指します。1ha当たりに換算して表すこともあります。

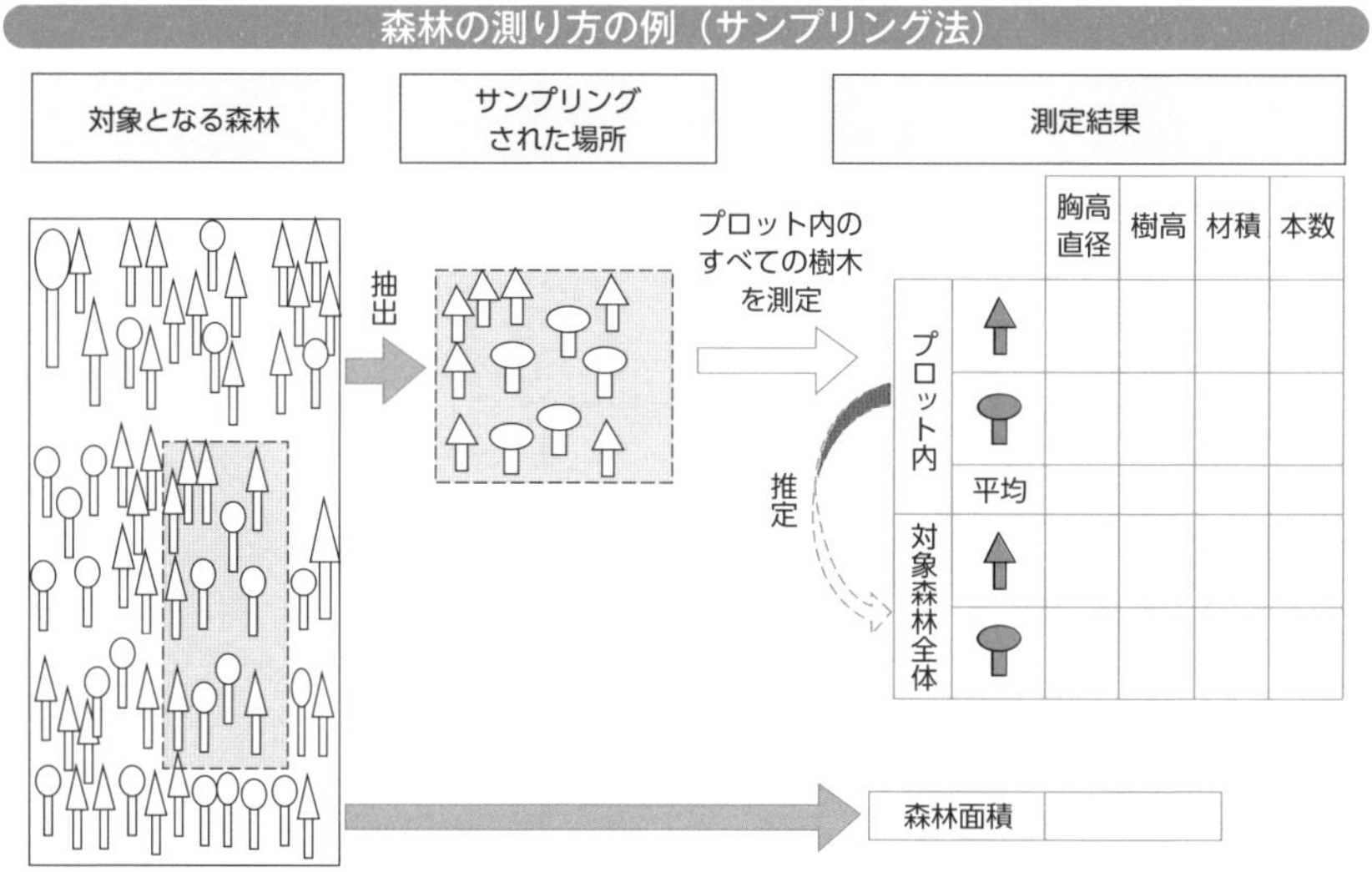

上図は、森林内のある場所をいくつか抽出し、その中（プロット内）のすべての樹木の胸高直径・樹高・材積・本数を調べて全体を推定する「サンプリング法」。ほかに、森林内すべての樹木の胸高直径・樹高・材積を調べる「毎木調査法」がある。

人工林
→52ページ

4 森林GISの利用方法とその利点

目的に合わせて様々な分析・地図作成ができる

地理情報システム（Geographic Information System）を略して「GIS」と呼びます。様々な地理情報を人工衛星やコンピューターなどを利用して収集・分析・処理し、地図情報とその他の情報を総合的に活用するシステムです。

GISは、防災、マーケティング、都市計画など、様々な分野で活用されていますが、森林の保護や利用に必要な情報を扱うものを、特に「森林GIS」と呼んでいます。

森林GISの最大の利点は、森林に関する様々な情報を一括して取り扱え、データの更新が簡単なことです。森林に関するデータは膨大で、必要なときに必要なデータを利用するのが難しいのですが、森林GISを利用することで効率的かつ効果的に森林に関する情報を活用することができます。

また、森林GIS上で様々なデータを組み合わせることで森林を俯瞰的《ふかんてき》に捉え、森林の新たな姿がみえてくるのも大きな特徴です。

効果的な利用方法としては、目的や条件にあった森林作業をする適地の選定、森林情報の半永続的な管理と更新、作業予定地の確認と地図の抽出、森林施業計画作成のための俯瞰図の作成などがあります。

そのほかにも、野生動物の痕跡や移動ルートなどもデータ入力し、動物の生息地を推定する**ハビタット**分析、森林作業の履歴・森林の成長量・傾斜・林齢などのデータを組み合わせて、森林における将来的な生産量を予測する林地生産力の分析、効率的な木材の搬出ルートを解析ソフトと併用して導き出す、最適林道路網図などがあります。

用語

ハビタット
生物個体あるいは個体群の生息する場所。生育環境。

互換性のあるＧＩＳソフトが使いやすい

森林ＧＩＳを利用するためには、森林の位置を示す**ＧＰＳ**、森林の地形を表す地形図、森林の管理方法などが記載された森林計画図、林道や作業路などが記載された森林路網図、所有している森林の所在位置図、森林を樹種や林齢で分け、森林作業を行いやすくするための区分図（林小班を単位とする）、区分された森林内の情報（林齢、樹種、平均直径、平均樹高、蓄積など）といったデータを準備する必要があります。また、すべてのデータを更新し続けることが重要なため、森林ＧＩＳには高い性能と大容量のデータを管理できるコンピュータが必要です。

ＧＩＳソフトには様々な種類がありますが、他のＧＩＳソフトとの互換性や使用者の利用環境、利用目的を考慮した選択が重要です。特に、都道府県から提供される森林基本図を利用することが多いので、都道府県が利用しているＧＩＳソフトと互換性のあるソフトを選ぶのが基本です。

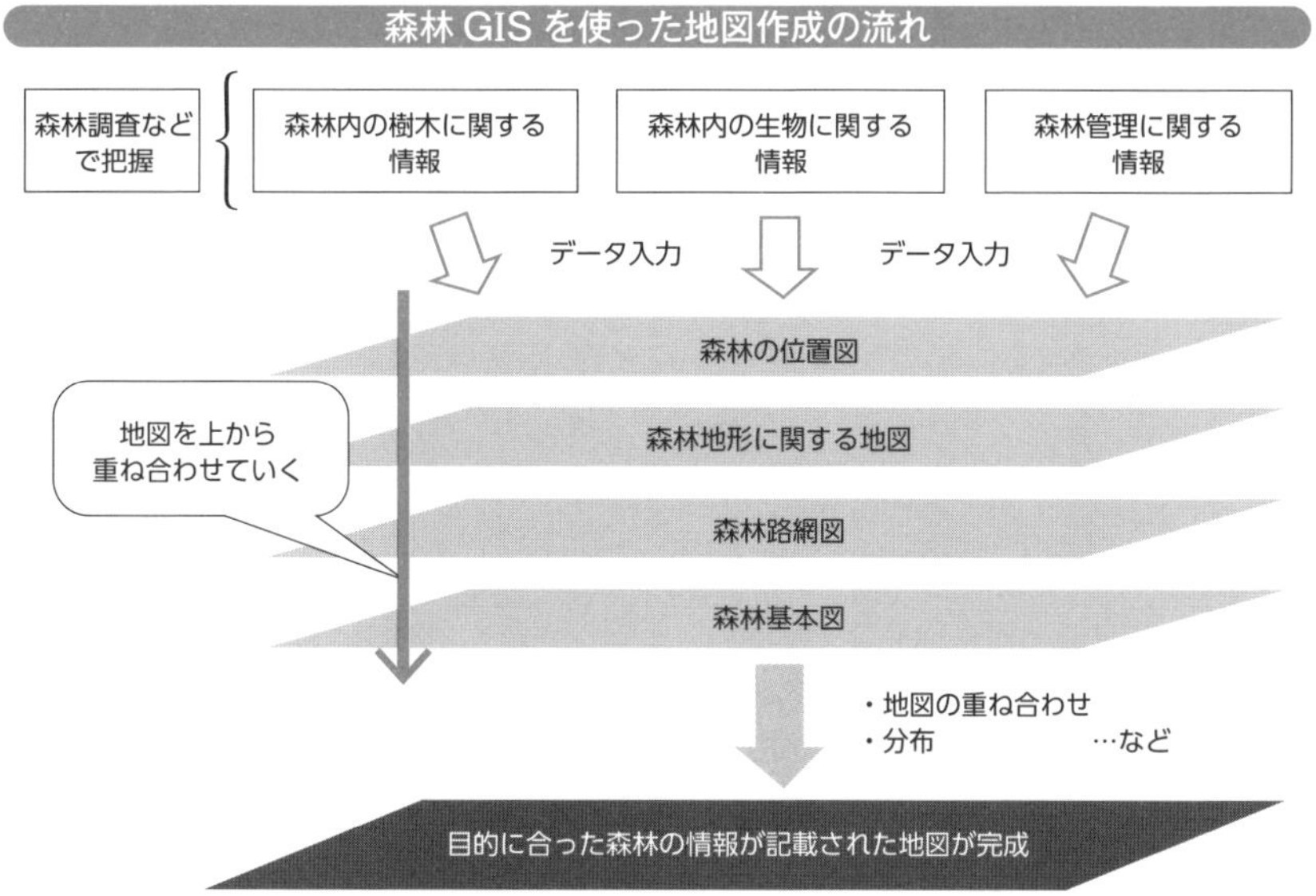

ＧＰＳ
全地球測位システム。4つ以上のＧＰＳ衛星の電波を受信することでＧＰＳ受信機の位置を知ることが可能。ＧＰＳ測量とも。

5 日本の林業における2つの生産過程

「育成的林業」と「略奪的林業」

「林業」とひと言で表しますが、どのような産業なのでしょうか。

日本の現在の典型的な林業は、人為によって植栽され、育てられた林木を伐採し、人々の利用に供する。そして、伐採跡地には再び人為によって**造林**するという「人工林林業」ですが、世界的にみてみると、これはけっして一般的な形態ではありません。**天然林**を伐採し、伐採後に自然の力によって森林が回復するのを待つ、という形態の林業の方が一般的なのです。

前者を「育成的林業」、後者を「採取的林業」と呼んでいます。育成的林業も、最初は自然の力によって成立した森林を伐採して始まりますが、その後の工程は大きく異なります。

もし、人々の木材を使用するスピードが、森林（林木）の成長量以下ならば、天然林伐採による林業でもかまわないことになりますが、人々の木材利用は、樹種や大きさを選びますので、一部の樹木しか利用に供されることはなく、そうすると天然林伐採による林業では、利用のスピードに追いつかなくなります。そして、辺りにははげ山ばかりが目立つようになり、生物の多様性も低下し、地すべりなども頻発することになるでしょう。天然林伐採による採取的林業はそうした事態を招きやすいため「略奪的林業」とも呼ばれるのです。

そうした事態を防ぎ、人間にとっても利用価値の高い木材を得やすくするために、長い歴史の中で獲得された生業が「育成的林業」なのです。

樹木の生育に備えて地拵《じごしら》えを行い、利用価値の高い樹種の種や苗木を導入し、そうして根づいた若木

用語

造林
↓127ページ
天然林
↓52ページ

の成長を助けるために下刈り、蔓切り、間伐、枝打ちといった育林作業を施します。

「育成的林業」における2つの生産過程

「育成的林業」は、大きく2つの生産過程から成り立っています。その1つが「育林生産過程」です。一般に、播種や苗木の植栽による植林に始まり、利用可能な大きさになるまで樹木を育てる過程です。

　実際には、これら以前の工程として、種子や苗木の採取・育成などの工程や地拵えの工程も存在しますが、「育林生産過程」という場合には、それらを含めずに表現することが一般的です。

　育林生産過程を経て、いよいよ収穫（伐採）の時期を迎えます。一般に樹木は、伐り倒して森林から運び出さなければ利用できません。この工程を「伐出生産過程」と呼びます。

　樹木は、一般にとても重く、大きなものですので、伐採にも、その後の輸送（運材）にも高度な知識と経験に裏づけられた技術が必要とされます。

「育成的林業」における生産過程

育林生産過程	苗木の植えつけ	植栽する場所をきれいにしておく地拵えをして、適度な密度で苗木を植えつける。
	↓ 下刈り	苗木が活着するころ、木が負けてしまわないように雑草木を刈り取る。苗木に絡みつく蔓植物を除去する「蔓切り」も開始される。
	↓ 間伐	幹の充実した樹木にするために、苗木が大きくなり、隣接木との間隔が狭くなったところで行われる。
	↓ 枝打ち	樹木の枝葉を落とし、節のない丸太を生産する。森林内が暗くなるのを防ぐ効果もある。
伐出生産過程	伐採・造材・集材	収穫する樹木を切り倒す。切り倒した樹木を道端や土場に集める。玉切り・枝払いなどを行い、丸太を生産する。
	↓ 検量	造材された丸太の材積を図り、歩留まり・生産性を把握する。
	↓ 運材	伐出した丸太を集積地や加工地などに運ぶ。

6 樹木を育てる①

～苗木の生産～

一般的な日本の林業は、「苗圃《びょうほ》（苗畑《なえばた》とも）」と呼ばれる苗木生産のための畑で生産された苗木を林地に移植することからスタートします。本項では、この苗木の生産について紹介していきます。

林業用の苗木は、種子から育てる「実《み》生《しょう》苗《なえ》」と「挿《さ》し木《き》苗《なえ》」とに大別され、それぞれにメリットとデメリットをもっています。

新たな形質ができる実生苗

雌雄の**配偶子**が接合してできる種子による繁殖を「有性繁殖」と呼んでいます。有性繁殖は、自己の遺伝子と別個体の遺伝子とを組み合わせ、親とは遺伝的に異なった子孫を残そうとする繁殖システムですので、変動する環境に適応する新しいタイプの子孫がつくられていきます。

実生苗には、苗づくりを始める際に播《は》種《しゅ》（種まき）が比較的容易であるというメリットがある反面、期待する形質をもった苗木が誕生するかどうかは芽生えを待つ必要があるというデメリットがあります。

苗木は苗圃で育てるほか、ポットやコンテナと呼ばれる、培養土の入った容器でも育てられます（**ポット苗・コンテナ苗・プラグ苗**などと呼ばれる）。十分な大きさになるまで、通常2～3年ほど育成されてから林地に移植されます。

親木と同じクローンができる挿し木苗

日本では挿し木の技術を古くから伝承してきました。挿し木は、樹木の枝・葉・根などを切り離して、土に挿しつけたり、土中に埋めたりすることによって、それらから新たに発根させ、新しい1個の樹木体をつくる方法です。

挿し木苗の最たるメリットは、実生苗と違って雌

用語

配偶子
生殖細胞のうち、接合して新しい個体をつくるもの。卵と精子。

ポット苗
ポット（＝鉢）を用いて育成（＝育苗）された苗木。実生・挿し木ともに用いられる。泥炭・木板・ビニール・ポリエチレン・紙などの多彩な材質のポットを利用。

コンテナ苗
コンテナ（＝鉢）内で育てられた苗木。林業においてはプラグ苗を指すことが多い。近年では、コンテナ苗の育苗用トレイの1つであるマルチキャビティコンテナが多用される。細長いポット状の容器が6×4などに並び連なる。

雄の生殖によらない「無性繁殖」であるため、親木と同じ遺伝子を持った新たな個体をつくることができるということです。挿し木苗が〝クローン苗〟とも呼ばれる理由です。

　花粉が少ない親木からは花粉の少ない挿し木苗が、病害虫に強い性質を持つ親木からは病害虫に強い挿し木苗が養成されるため、得がたい形質をもつ樹木の子孫を残したいときなどに便利です。また、台風などで神社の古くからの御神木が倒れてしまったような場合にも、その御神木の枝葉から、挿し木苗を養成することができます。

　挿し木は実生苗に比べて養苗期間が短く、経費の節減ができること、種子の豊凶に左右されないことも利点です。

　もちろん、挿し木のデメリットもあります。まず、一度に多くの挿し穂をとることは困難で、数が限られます。また、発根しにくく、挿し木が難しい樹種もあり、どのような樹種からも挿し木苗が養成できるわけではありません。スギ・ヒノキ・ヒバ・ヤナギ類・ヤマナラシ類などは挿し木が容易にできる樹木ですが、マツ類・モミ類・ツガ・シイ類・ナラ類・クリ・ブナ類・ホオノキ・カンバ類などは挿し木が難しい樹木です。

　挿し木は一般に、挿し穂を採取する母樹の樹齢が高くなるにつれて発根がしにくく、難しくなるとされています。

クロマツのコンテナ苗

日本では長らく苗圃での苗木生産が中心だったが、近年ではコンテナ苗の生産も増えている。

プラグ苗
セル状の連結ポットで育苗された苗木。根鉢を形成した苗が移植床に差し込むような形で容易に移植可能。細長い栽培容器で育苗し、培地内に伸長した根系によって培地を拘束。

7 樹木を育てる②
～地拵えから植林まで～

苗木の植栽場所を整理する「地拵《じごしら》え」

植栽した苗木が、目的の林齢・径級の立木《りゅうぼく》にまで育ったら、それを伐採し、その後にまた新たな苗木を植えつけるという作業を繰り返していく営みが林業です。「地拵え」がその始まりで、植林予定地において、植栽場所の整理や雑草などの刈り払いを行い、植栽作業に備えます。

日本の林業は、多くの場合、傾斜地で行われます。そのため、伐採時に残された立木の枝条《しじょう》（木の枝）などがその場所に残っているので、それらの残材も有効に活用して、新たな木を植えつける場所の土砂が流れないように、等高線上に土止めをつくることなども重要な作業です。

地拵えには、全面的に植林地を刈り払う「全刈り地拵え」、植栽する場所だけを筋状、あるいは坪状に刈り払う「筋状地拵え」や「坪状地拵え」などもありますが、急峻な山地に植林をすることの多い日本では、「階段地拵え」が一般的に行われています。

郊外の林業地域では、その階段状の地拵えの様子をみることができます。山肌に階段状の地拵えの筋がついているのですが、間近でみると、枝条残材でできた地拵えの筋であることがわかります。

植林で大事なのは「適地適木」

次に、地拵え後の植林についてみてみましょう。主に、次の3つのタイプがあります。

1つ目は苗木の植栽による植林です。苗圃やコンテナなどで養生された苗木を林地に植える方法で、最も一般的な植林作業です。2つ目は、播種による植林です。マツ類やカシ類、ナラ類などの種子を直接、林地にまきつける方法ですが、植物が自然に繁

用語

茂しやすい日本においては、難しい方法であるともいえます。3つ目は、林地に直接、挿し木を行う植林方法です。この方法は、かつて四国、九州などでのスギの造林で盛んに行われていました。

植林にあたって大切なことは、植えつける樹種の選び方です。林業では、昔から「適地適木」という言葉が使われ、その土地に適した樹木を植えることの重要性が伝承されてきました。しかしながら、戦後の**拡大造林**などでは、スギ・ヒノキ・カラマツが主な造林樹種となり、それらの樹木の生育に不適当なところにまで、これらの植林が行われました。

植えつける樹種の選定にあたっては、経済性ばかりではなく、その地域に適した樹種であることをはじめ、樹種ごとの成長特性、そして植栽木同士の組み合わせなどを考慮することも肝要です。

林地への植えつけについては、正方形植え、正三角形植え、長方形植え、巣植えなどの方法があり、それぞれに植えつけ本数を求める公式もあります。

植えつけ方法と植えつけ本数の求め方

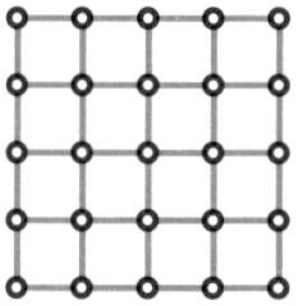

正方形植え

$N=A/a^2$

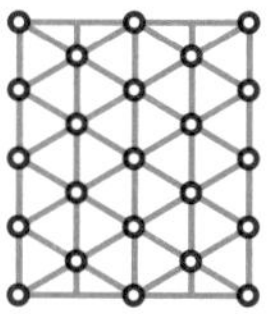

正三角形植え

$N=1.155\times A/a^2$

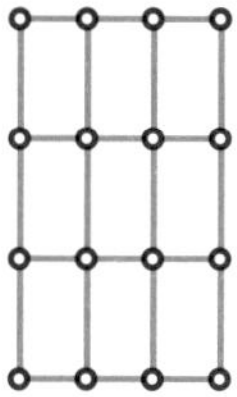

長方形植え

$N=A/a\times b$

N：植えつけ本数　A：面積（㎡）
a：苗間距離（m）　b：列間距離（m）

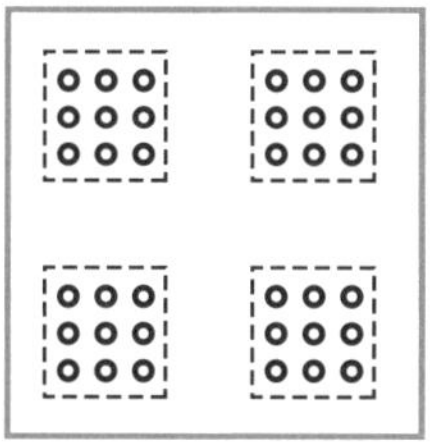

巣植え
坪刈りを行い、1か所に数本から数十本の苗木をかためて植栽する方法

拡大造林 →130ページ

8 樹木を育てる③ ～下刈りと蔓切り～

盛夏に行う「下刈り」

「下刈り」とは、林地に植栽した苗木が周囲の雑草や灌木に覆われ、陽光を遮られたり、養分を奪われたりして、その生育が阻害されるのを防ぐために、植栽した苗木の周囲の雑草木を刈り払い、取り除く作業をいいます。

林業は、かつて〝3K産業〟の1つといわれた時代がありました。3Kとは「危険」「きつい」「汚い」の頭文字のKをとって名づけられたものです。その中の「きつい」の代表格が、この下刈りという作業です。様々な林業作業のうち、最も習熟を要さない作業なのですが、一方で「下刈りができれば一人前」といわれるほど、体力的には厳しい作業です。

下刈りの時期は、一般に梅雨明け後の7月中下旬から8月中旬にかけての盛夏に実施されます。植栽された苗木は、まだ木陰をつくるほどには成長しておらず、真夏の炎天下、ヘルメットをかぶり、上下ともに長袖の重装備で、重い刈払機を持ちながらの作業になります。しかも、草いきれ（夏の強い日差しを受けて、草の茂みから立ち上るむっとする熱気）の立ちこむ、急傾斜地の山地での下刈り作業は、「きつい」のひと言に尽きます。

「何もそんな厳しい条件下で行うことはないのではないか」「涼しい朝夕に、しのぎやすい季節の早春や晩秋に行った方が効率がよいのでは?」と、だれしもが思うところです。しかし、盛夏の暑い最中、下刈りを行うことには理由があります。

盛夏期の昼は光合成も盛んに行われますが、植物体からの水分の蒸散が激しいため（草いきれが夏季の晴天下で最も強くなるのはこのため）、雑草木に強いダメージを与えるには、盛夏に行うのが最適な

用語

のです。実際、初夏のしのぎやすいころなどに雑草木を刈り払っても、間もなく、それらは勢いを取り戻し、夏には元どおりになってしまいます。

下刈りは、植えつけた苗木の背の高さが周囲の雑草木の1・5倍以上になるくらいまで行います。一定の高さに苗木が育ち、枝葉が地上に届く陽光を遮るようになれば、雑草木に覆われる心配がなくなりますので、下刈りの必要がなくなります。

また、夏の暑い季節までに下刈りを行うことで、雑草木が種を実らせる前に刈り取り、次の年への種子供給量を低下させる効果もあります。

立木の成長を妨げる蔓性植物を取り除く

下刈りと並行して行われる作業に、「蔓切り」があります。

植栽した樹木に蔓性植物が絡まると、苗木を覆い尽くして光合成を妨げたり、樹皮に食い込んで立木を変形させてしまったりして、木材としての価値を低下させてしまいます。それらを防ぐ作業です。

特に、フジは巻きつきながらしだいに樹木のように太く硬くなり、強く樹幹に食い込んだり、大きく樹形をゆがめたりすることがあるので、要注意の蔓性植物です。また、クズは林分全体を覆ってしまうほどに成長が旺盛で、フジ同様に注意が必要です。

蔓切りの時期も下刈りと同様の盛夏のころに行います。盛夏期は地下茎に蓄えられた養分が最も少なくなるころであり、その時期に蔓の上部を刈ることで、蔓性植物に大きなダメージを与えることがねらいです。

下刈りにしても蔓切りにしても、植えたばかりの若い苗木のころには、ひと雨ごとに驚くほどの成長をみせる雑草木との戦いですので、本当に手がかかります。

自然界では、多種多様な生物がたがいに拮抗しながら存在します。しかし、**人工林**は人間の都合によってつくられた単純な生態系のため、こうした育林作業を施さないと成林は望めないのです。

人工林
↓52ページ

9

樹木を育てる④ ～間伐～

樹木の密度を管理して病虫害に強い健全な木を育てる

「間伐」は、森林内の立木の密度を人為的に調節するために行われる伐採作業です。伐採後に残された立木の成長促進と、**林冠**が開いて光が差し込むことで、下層の樹木や**林床**に生える植物の成長を促す効果があります。

間伐を行い、**立木密度**が下がった森林では、明るく見通しが利き、風通しも改善され、病虫害の発生率が低下していきます。すると、樹木はより健全にすくすくと成長していき、また、伐採した間伐木によって収入を得られる場合もあります。ただし、現在では立木の価格が信じられないほど安価になっているため、間伐をしても、そのまま林地に置き去りにして置かれる場合も多く、そのような間伐は「捨て伐り間伐」と呼ばれています。

立木密度が高くても低くても樹木の総成長量は変わらない

最近の研究により、単位面積当たりの樹木がつける葉の量には限界があることがわかってきました。立木密度が高くても低くても、樹木の総成長量はほぼ一定であることが導き出されたのです。

間伐をしない森林は数多くの細い木の集まりです。一方、間伐をした森林では、本数は少なくなりますが、一本当たりの立木は太く、材積が大きくなるので、結局、トータルの収穫量はあまり変わらなくなるというわけです。そのため、収穫量自体に違いはないものの、病虫害の発生を防いで森林を健全にし、1本1本、太い木材を収穫できるようになるため、間伐はとても大切な作業なのです。

人工林は本来の自然界にはない人為的な植栽密度でつくられた森林ですから、樹木の成長とともに、

用語

林冠
↓44ページ

林床
↓44ページ

立木密度
林地における単位面積当たりの立木本数。一般に1ha当たりの本数で表される。

人工林
↓52ページ

それに合わせて、適切な立木密度に調整する必要があるのです。間伐をしないと、やがて林内・林床は暗くなり、弱々しい木しか育たない不健全な森林になってしまうのです。これは人工林と**天然林**との基本的な大きな違いです。

地域や時代ごとに編み出されてきた間伐の方法

間伐の方法には、大きく分けて、本数、材積の調節を行う**定量間伐**と、林地に残す立木の善し悪しで判断する**定性間伐**の2種類に大別できます。また別の分け方として、背の低い樹木を間伐する「下層間伐」と、背の高い木を間伐する「上層間伐」にも分類できます。

なお、各地には、その地域に伝統的な間伐方法があり（例えば奈良県「吉野林業」の「高密度植栽&多間伐」、宮崎県「飫肥《おび》林業」の「低密度植栽&少間伐」などがその典型）、地域や時代によって、多様な手法が編み出されてきました。

間伐前と間伐後のヒノキ人工林

① 間伐前
樹木が込み合い、林冠は枝葉に覆われて、日光があまり差さない。

② 間伐後
林冠が適度に開いて空が見えるようになり、林内が明るくなった。

天然林
→52ページ

定量間伐
間伐の方法・理念の1つ。林分の最高収量を維持するために実施される立木密度の管理作業。残存木の量を基準に行う。定量的間伐とも。

定性間伐
間伐の方法・理念の1つ。間伐木および残存木の形質を基準に行う。定性的間伐とも。

10

樹木を育てる⑤ ～枝打ち～

節のない木材ができる「枝打ち」

「枝打ち」は、立木の枝葉を樹幹から切り落とす作業です。

枝打ちは、節のない「無節材」をつくるために行います。また、樹木は一般に根元が太く、梢が細くなる形をしていますが、枝打ちをすることによって、樹形を整え、先端と根元の太さの差を少なくする効果や、立木の成長を抑え、年輪幅の詰まった木材を得るといった効果もあります。

樹種によって、人手を加えなくとも枝の落ちやすい（自然落枝する）ものと、そうではないものがあります。スギの場合は前者で、枯れ枝ができても自然に落ちていくのがふつうです。しかし、ヒノキの場合は、スギと比べて自然落枝をしにくい樹種ですので、人間が手をかけて枝打ちをする必要があります。

ただし、枝打ちは、光合成を行う葉量を減らすことにもなるため、過度にしてしまうと光合成量を下げ、樹木の成長量の低下を招きます。また、切り口を荒らしてしまうと、傷口から菌類などの侵入を許し、シミの発生により木材価格の低下にもつながるため、適切な技術・道具を用いることが重要です。

枝打ちの適期は冬季です。樹木内の形成層が活動を休止している時期に行うことで、樹液の漏出を予防し、傷口をすみやかに癒合できます。

節が木材の〝味〟になることも

先ほど、「枝打ちの作業は節のない材をつくるために行う」と述べました。では、その節とはそもそも何でしょうか。

木材の表面にみられる節は枝の名残です。樹幹についている枝を放置しておくと、**製材**の際にその枝

用語

製材
→114ページ

は節になります。家の壁や廊下の所々に節をみることがありますが、それは枝の痕跡なのです。

節は、「死節《しにぶし》」と「生節《いきぶし》」に大別されます。死節は、枯れ枝の痕跡が樹幹に残ったもの、生節は、枝打ちによって生きている枝を切除した痕跡です。

死節は、製材後に木材から抜け落ちて節穴を開けてしまうため、木材の価格を著しく低下させます。

一方、生節は一般に製材後にも抜け落ちないため、ときに木材の〝味〟として評価されることもあります。現在では、あえて節のある壁材や柱材を趣があるもの、自然を感じるものとして、好む傾向も出てきました。

節が現れる箇所は均等ではなく、ランダムに無作為に現れ、節の配置そのものが「1／fのゆらぎ」を現し、心を落ち着かせる効果が期待できることも報告されています。和室で寝ていると、「天井の節がつくる模様が人の顔にみえる」という経験をした人もいるでしょう。それも、木材の節による一種の癒し効果なのかもしれません。

節のないスギ材

枝打ちを行い、四面に節がないスギ材（奈良県吉野の木材市場にて）。

11 樹木を育てる⑥ ～気候風土に合わせた様々な工夫～

日本は国土こそ狭隘ですが、その範域は亜寒帯から亜熱帯にまで広がり、標高も海抜ゼロ～4000m近いところにまで及び、大陸にも似た多様性を誇る国です。

例えば、冬季に多くの積雪をみる地域もあれば、海岸近くで飛砂や潮風の影響を強く受ける地域もあります。気温の高低、雨量や日射量の多寡、標高の差、緯度の違い、海岸線からの距離など、多様な自然環境が存在します。そのため、林業においても、地域によって様々な知恵と技術が生み出されてきました。

飛砂による被害を防ぐ工夫

海岸線に近い地域では、手間と費用を投じて**造林**を行っても、強い海風が運んでくる飛砂によって、植栽された苗木が埋もれてしまったり、塩分によって成長を阻害され、枯死してしまったりすることがあります。

その被害の防止には、こうした環境に強い樹種を選定することが第一ですが、限られた樹木しか育てることができなければ、林業が成立しない可能性があります。そのため、林業地域の風上側に**海岸林**を設けることがあります。海岸林の歴史は古く、新田開発の活発化に伴い17世紀中ごろより開始されています。

また、海岸林や海岸近くの造林地では、苗木の植栽に際して堆砂垣や静砂垣などの衝立状の構造物を設けて、植林木が成長するまで守る工夫などもなされてきました。

積雪害を防ぐ工夫

四季の明瞭な日本では、林業においては冬季の積

用語

造林
→127ページ

海岸林
海岸の砂地・岩石地などに発達、または造成される森林。ウバメガシやクロマツなどで構成されることが多い。災害防止機能、保健・休養機能、魚《うお》つき・航行目標、防潮（津波・高潮）、飛砂防止、防風、飛塩防止、防霧などの役割を期待される。

雪がときに深刻な問題となります。

せっかく植栽した苗木が雪に埋もれると、枯死は避けられたとしても、その重みで曲がってしまいます。曲がって成長した立木《りゅうぼく》は、経済的価値の低いものとなってしまいますので、多雪地域の林業では積雪に対する工夫も凝らされてきました。

植栽に当たっては、積雪に強い品種の作出もなされてきましたし、山の斜面にまっすぐに苗を植えるのではなく、「斜め植え」といって斜面に寝かせるように植栽する方法などもとられてきました。

それでも、山肌に積もった雪は、自重によって斜面下方にじわじわとずれ落ちてきます。その圧力により、苗木が斜面下方に曲がってしまうことも少なくありません。そうした場合には、荒縄やワイヤーロープなどを用いて苗木を引き起こす作業（雪起こし）を行うこともあります。

また、成長した後も、茂った枝葉に雪が付着（着雪）することもしばしばです。雪の重みだけで枝が折れてしまうことは少ないのですが、枝葉に着いた雪によって枝葉のすき間がなくなると、風の影響を強く受けるようになって折れてしまったり、曲がってしまったりする害が発生します。こうした害を防ぐためにも枝打ちが必要となりますし、枝ぶりが枝のつけ根から下方に伸び、着いた雪が自然と落下するような品種も作出されてきました。

このように、地域の気候に合わせて、樹木を育てる多種多様の工夫が行われているのです。

雪起こしの作業方法

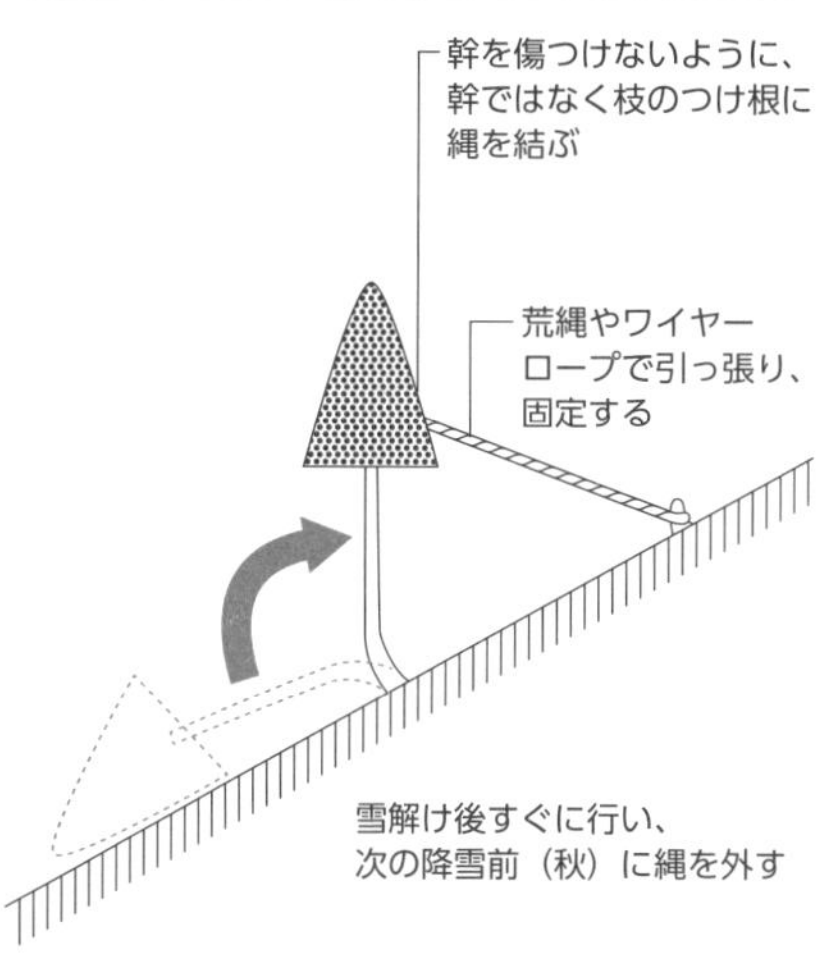
幹を傷つけないように、
幹ではなく枝のつけ根に
縄を結ぶ
荒縄やワイヤー
ロープで引っ張り、
固定する
雪解け後すぐに行い、
次の降雪前（秋）に縄を外す

資料：立花敏・久保山裕史・井上雅文・東原貴志『木力検定③』（海青社　2014年）より一部改変

12 樹木を収穫する①　～伐採・造材・集材～

これまで、樹木を植えて育てる過程（＝育林生産過程）に注目し、種苗生産・植林・下刈り・間伐・枝打ちのそれぞれの工程について紹介してきましたが、これらはいずれも、その後の伐出生産過程、すなわち、樹木を収穫する過程への移行を目的としてなされます。

私たちは、森林内の立木をそのまま利用することはほとんどありません。立木を伐り倒し、**製材**所まで運搬し、製材所から利用地まで運搬してはじめて利用に供することが可能となります。

ここでは、以下、伐出生産過程の代表的な作業である、伐採（伐木とも）、造材、集材の各過程について、それぞれみていきます。

選木と伐採

育林生産過程のそれぞれの工程を経て、十分に成長した立木は、いよいよ伐採の工程に入ります。伐採とは、文字どおり、樹木を伐り倒す作業を指します。つまり、間伐に際して行われる樹木を伐り倒す作業も伐採に含まれますので、収穫を目的として行われる伐採作業を、特に「主伐」と呼んで区別することが一般的です。

さて、当然のことながら、伐採対象木を選ぶ作業（選木）が伐採に先行します。どのような木材を市場が要求しているのかによって選木の基準は異なります。単に立木の樹高や直径だけではなく、通直完満（樹幹がまっすぐで、根本部分と梢端部との直径差が少ない）な樹形かどうか、立木の商品価値を減じるような洞《うろ》などがないか、伐採後の収穫が可能な場所に立っているかどうか、などが一般的な選木の基準となります。

選木が済むといよいよ伐採です。伐採にも、一定

用語

製材
↓114ページ

地域に存在する立木をすべて伐採対象とする**皆伐**《かいばつ》や、すべての立木を伐採するのではなく、一定の基準を満たす立木のみを伐採する**択伐**《たくばつ》など、様々な方法が存在します。

伐採の実際の作業では、まず、立木を伐り倒す方向（伐倒方向）を決めます。一般に立木は長大ですので、倒れたときに家屋などを損傷しないかどうかに留意します。また、崖下などに伐り倒した立木が転落してしまっては立木が損傷することもありますし、回収することが困難な場合もあるため、伐倒方向の決定は、こうしたことがないかどうかを見極めて行われます。

伐倒方向が決まると、作業従事者の安全を確保し、立木に刃物が入れられます。この際に用いられるのは、かつては「ヨキ」と呼ばれる斧や手鋸などが多く用いられましたが、近年では、後述するようにチェーンソーや**高性能林業機械**などが用いられることが多くなってきました。

まず、伐倒方向側に「受け口」が切られます。伐採対象木の樹種や形状などによっても異なりますが、一般に直径の少なくとも4分の1程度、樹芯を切らないように3分の1を超えない程度の深さに切り込みを入れます。受け口切りは伐倒方向を正確なものとするために、きわめて重要な作業です。

次いで「追い口」が切られます。追い口は樹木の伐倒方向の反対側に設けます。この際に、先に切られた受け口の最深部に追い口の最深部が接することのないように注意することが肝要です。受け口の最深部と追い口の最深部の間には切り込みの入っていない「つる」と呼ばれる部分が残されますが、このつるがちょうどちょうつがいのような働きをして、樹木の伐倒方向を定め、伐倒速度を緩やかなものとします。伐倒はとても危険な作業ですので、作業者の安全を確保するためにも、つるは重要な機能を発揮します。

追い口を切り進めると、立木の揺れが次第に大きくなり、ギギギギと特有の音を立てるようになります。最後には、つるの部分が引きちぎられ、伐採

皆伐
↓126ページ
択伐
↓127ページ
高性能林業機械
↓98ページ

（伐倒）が完了します。伐り倒された立木が斜面を滑り落ちたりして、その下敷きになるなどの事故も発生しますので、十分な注意が必要です。

造材

伐採された立木は、造材と呼ばれる工程を経て丸太に姿を変えます。

造材の最初の作業は、「枝払い」です。「枝打ち」とよく似た言葉ですが、こちらは利用価値の低い先端部（梢端）や枝などを樹幹から除去する作業です。この枝払いが済むと「木材」と呼ばれる最初の状態となりますが、とくに木材のうちで製材以前の状態を「丸太（素材）」と呼びます。

枝払いに続き、「玉切《たまぎ》り」と呼ばれる作業に移ります。この作業は、必要とされる長さに丸太を切り分ける作業です。切り分けられた1本1本を「玉」と呼び、長い樹幹から玉を切り分ける作業なので玉切りと呼ばれています。かつては3ｍ、4ｍ、6ｍなど、大まかに玉切ることが一般的でしたが、近年では、センチメートル単位に細かく切ることが多くなってきました。

立木の状態で、最も地際に近い所から得られる玉を元玉（一番玉）、上部に向かうにしたがって、順に二番玉・三番玉などと呼びます。

集材

造材された丸太は、林道沿いに設けられた**土場**《どば》まで集められます。土場とは、木材の一時的な集積所を指しますが、検尺（丸太の寸法を測る作業）や、トラックに積み込むための積載場、ときには丸太の商取引の場ともなります。

集材は、古くは「木寄せ」などとも呼ばれましたが、育林生産の現場から林道脇までの道のない所で行われる丸太の運搬作業ですので、様々な困難を伴い、昔から様々な工夫が凝らされてきました。

集材は重労働ですので、極力その距離を短くするために林道や土場の敷設位置を工夫することも、きわめて重要なことになります。

用語

土場
↓114ページ

立木の伐採の仕方

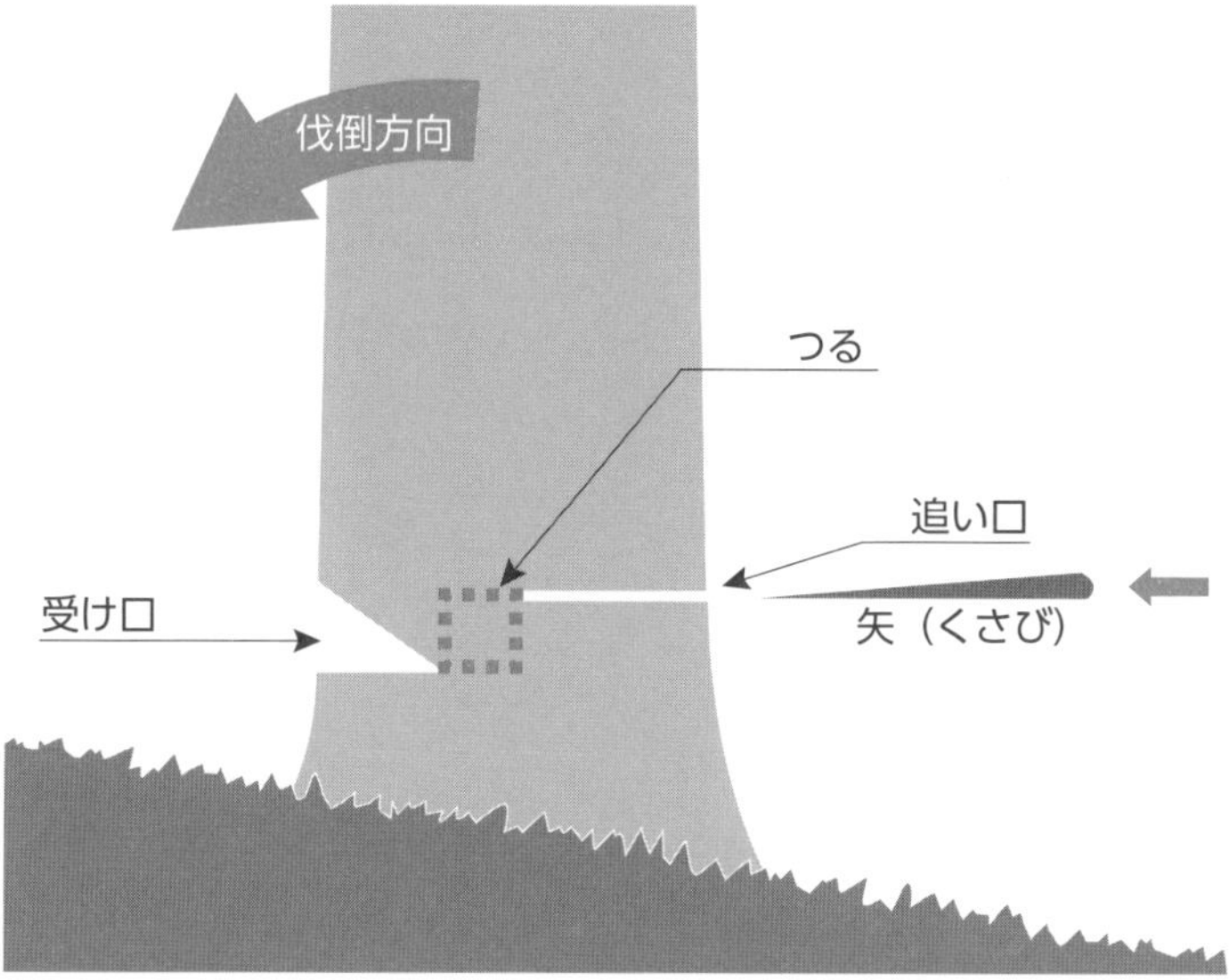

高性能林業機械（プロセッサー）による造材の様子

13 樹木を収穫する②
～丸太を測る～

JASの規定と丸太の測り方

造材された丸太の材積を把握することは重要です。伐採材積の把握、歩留《ぶどま》りの把握、生産性の把握などができ、木材の市況と合わせると伐採した丸太の売上を予測できます。

造材された丸太の材積を測定する方法は、「素材の日本農林規格」（1967年12月8日農林省告示第1841号）によって定められています。日本農林規格（JAS）は、1950年に公布された「**農林物資の規格化等に関する法律**」に基づき、農林物資の品質の改善、生産の合理化、取引の単純公正化および使用または消費の合理化を図るために、農林水産大臣が制定する品質規準・表示基準のことです。

JASでは、丸太は大きさによって「小丸太」（直径14㎝）、「中丸太」（直径14㎝以上30㎝未満）、「大丸太」（直径30㎝）に分類されています。では、どのように材積を計測するのか、その方法を簡単に紹介しましょう。

(1) 基本となる単位

直径の単位は「㎝」で、単位寸法は小丸太が1㎝ごと、その他が2㎝ごとで、単位寸法に満たない端数は切り捨てます。長さの単位は「m」で、単位寸法は0・2mごと、単位寸法に満たない端数は切り捨てます。材積の単位は「㎥」で、慣習的には「りゅうべい」と読んでいます。

(2) 直径・長さの測り方

丸太をみると、直径の小さい面と大きい面の2つがあり、直径の小さい面を「末口《すえくち》」、大きい面を「元口《もとくち》」といいます（図①）。

用語
農林物資の規格化等に関する法律
→118ページ

丸太の直径は末口の直径（末口直径）を利用します。丸太の断面は楕円になっていることがほとんどのため、短い直径を末口直径とします（図②）。

長さは一般的には図①で示した太線の実線部分を巻尺などで測ります。

(3) 材積の測り方

丸太の材積の把握方法は様々ですが、一般的にはJAS規格における材積の把握（**末口二乗法**）を利用します。求め方は次のとおりです。

①丸太の長さが6m未満の場合

（Vが材積、d_0が末口直径、Lが長さを表す）

$$V=(d_0)^2\times L$$

②丸太の長さ6m以上の場合

（Vが材積、d_0が末口直径、Lが長さ、L'が1m単位で1に満たない端数を表す）

$$V=\left\{d_0+\frac{(L'-4)}{2}\right\}^2\times L$$

丸太の長さと末口直径の位置

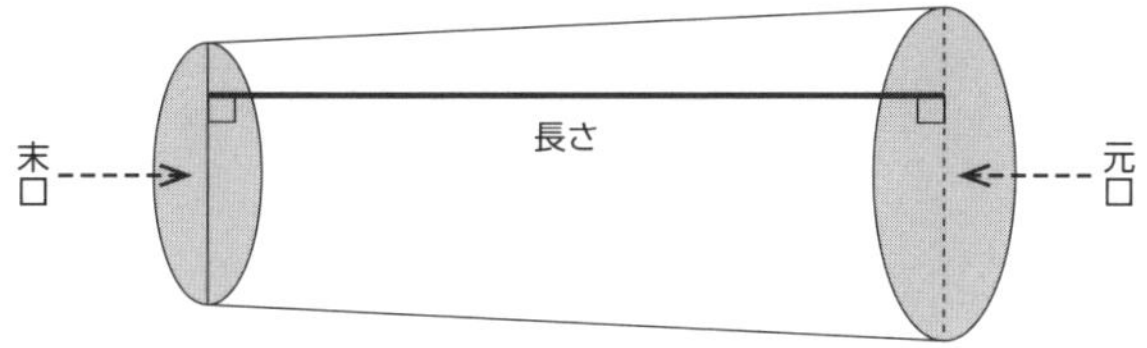

図①　直径の小さい面を「末口」、直径の大きい面を「元口」という。丸太の長さは、末口と元口の直径と垂直な線で測る。

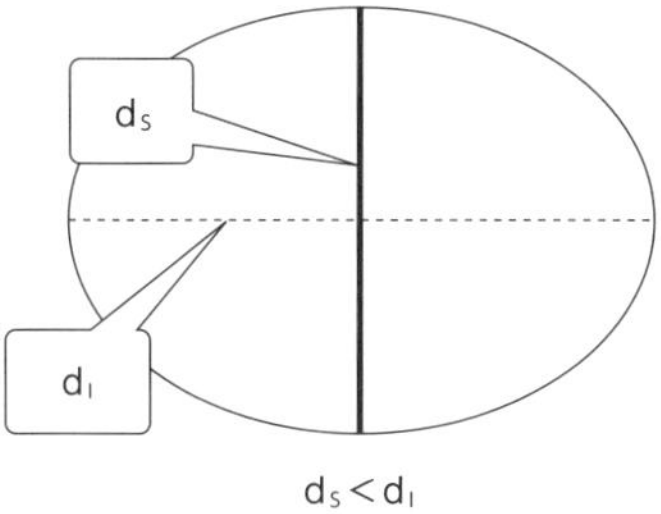

$d_s < d_l$

図②　末口の断面で短い直径（d_s）を末口直径とする。

末口二乗法
丸太検量法の1つ。丸太の末口直径の二乗に長さを乗じて材積を求める。日本では古くから木曽地方において使用。計算がひじょうに容易だが、短材では過大値を示し、材長が増すにつれ過小値を示すようになる。

14 樹木を収穫する③ ～木材輸送の昔といま～

動力のない時代は川を使って運搬された

昔もいまも、木材を運ぶというのは大変な作業です。しかも、育林・伐出は山村地域であり、消費の多くは遠く離れた平野部でなされますので、山地からの輸送は多くの場合長距離となり、さらに苦労が増します。

ただし、木材の多くは水よりも比重が小さく、水に浮かぶということが輸送に際して有利な点です。特に現在のようにガソリンエンジンなどの動力を利用することができなかった時代には、水に浮かべて木材を運ぶこと（**流送**）が主流となっていました。

山地では河川の水量が少なく、川幅も狭いので、造材を終えた丸太を1本1本渓流に流し、川幅が広がる地点で拾い集める「管流《くだなが》し」という流送方法がとられました。河川の水量がある程度増え、川幅も広がると丸太を筏《いかだ》に組んでさらに下流に送る（筏流し）ということが行われました。

1856～57年ごろに**富田小藤太**という人物が刊行したと推定される『木曽式伐木運材図会』には、集材後に行われる管流しを「小谷狩り」という名称で、その後の筏流しについては「大川狩り」という名称で紹介されています。

こうした流送によって丸太を遠隔地に送ることが可能となりましたが、一方で、流送は流した丸太の全部を回収することが困難であったり、流送途中で丸太を傷めてしまうというデメリットもあり、川漁師などからは「川を荒らす」といって問題視されることも少なくなかったようです。

特に、河川の流量が乏しい地域や季節に大量の丸太を流送しようとする場合には「鉄砲堰《てっぽうせき》」といって、河川に小型のダムをつくり、そのダムを一気に決壊

用語

流送
↓97ページ

富田小藤太
飛騨国高山代官所地役《じやく》人頭取《にんとうどり》。飛騨幕領の林政を牽引。保育作業による林内通風の確保、土質を考慮した適地適木の徹底、植栽間隔の改善、林地肥培の実施の4点を重視し、郡代増田作右衛門に造林方法を献策。郡代を通じ各村に示達。1854年に『官材図会』を上梓。『木曽式伐木運材図会』も富田の作と推定されている。［生年・没年不詳］

させ、その水流に丸太を乗せて流送する方法がとられました。
しかし、河川の形状が変わってしまうほどの威力を誇る方法でしたので、漁師をはじめとする地域住民からは目の敵にされ、流送中の木材を奪われたりするようなこともあったようです。

鉄道輸送、トラック輸送の時代へ

このように、流送は優れた側面をもちながらも、大きなデメリットもある方法でしたので、第二次世界大戦のころからしだいに行われなくなりました。代わって**森林鉄道**が河川に沿って敷かれ、戦時物資として重視され、大量に必要とされた木材を搬出するようになってきました。

さらに戦後期には、森林鉄道に替わり道路が整備され始め、トラックによる輸送が主流となり、1960年代の中ごろには、流送も森林鉄道による輸送もほとんど姿を消すこととなります。

ちょうどこのころ、人々の経済圏が拡大し、衣食

木材輸送の方法

写真①
かつては、写真のような河口にある木場まで木材を川で流す「流送」が行われていた。

写真②
高度経済成長以降は道路網が整備され、大型トレーラーなど車両による輸送が主になっている。

森林鉄道 →25ページ

住のすべてにわたり、遠隔地のものを利用する傾向が強まってきました。それまで典型的であった、河川の上流で育てられた木材を下流の地域が消費するという形態が崩れていったのです。そうした傾向に伴って、河川に沿って敷かれていた鉄道や道路が水平方向に伸び始め、周辺に住む人々の生活・文化にも影響を与えました(※)。

戦時中の輸入木材の急増

次に、海外からの木材輸送の変化についてみていきましょう。日本は第二次世界大戦のころから、木材の輸入を本格化させます。

これは、1つには当時の日本（大日本帝国）が広大な殖民地を有したことに端を発します。戦争を遂行し、国力を増強する政策の中で、資源貧国である日本が他国に資源を求めたのです。明治期以降急速に伸長した鉄道網はきわめて多くの枕木を必要としましたし、工場や家庭生活の電化は大量の電柱（当時は木製）によってはじめて可能となりました。電信・電話の普及も同様です。

また、銅や鉄をはじめとする各種金属や石炭の生産にも、坑道の崩落を防止するための坑木《こうぼく》を代表に、精錬用の燃料や**修羅**《しゅら》を使った輸送などに多くの木材を必要としました。当時の記録によれば、石炭掘りは坑木と石炭を交換してくる作業であると認識されていたようです。

そのほかにも、大きく増加した紙の使用、マッチの使用量の増大などもとても多くの木材を使用しましたし、金属メッキに使用する塩酸や硫酸の運搬には、それらの強酸に負けない木製の樽が使用されました。皮革のなめしには木材の抽出成分であるタンニンが用いられ、人工繊維のはしりであるレーヨンも木材の抽出成分を主成分としていました。もちろん家屋の建築にも木材が多く用いられたことはいうまでもありません。

こうした多種多様で、それぞれ大量の需要があった木材を国内生産でまかなうことはできず、その産地を海外に求めることとなったのです。

用語

※例えば、作家・有吉佐和子が『紀の川』などの作品で活写するような、河川の流れに沿った婚姻形態などを基底にもつ地域文化も変容を余儀なくされた。河川の上流域で育てられた樹木を、中流域で製材し、下流域で消費するという流通経路が大きく変化したことで、河川流域に住む人々の生活・文化にも大きな影響を与えた。

修羅
→96ページ

輸入木材は丸太から製材品に

日本は島国ですので、こうした輸入木材を陸路で運ぶことはできません。殖民地をはじめ、様々な国から船便で輸送する時代が到来します。なお、江戸時代には、江戸や京の街に全国から船便で木材が回漕され、そうした海運・回漕の拠点地域は現在まで木材流通の基地となっているところが少なくありません。輸入木材についても、こうした拠点地域（港湾都市）が拠点となりました。神戸港・横浜港・東京港などがその好例です。

海外からの木材輸入には、戦前から戦後にかけては汎用貨物船が用いられました。つまり、往路には木材を積載し、復路には別の貨物を積載するなど、江戸時代の北前船での商売さながらの貿易が行われていましたが、しだいに木材専用船による輸送が主流となりました。

さらに1980年代の後半からは、木材の輸入は丸太（素材）輸入から、製材品の輸入へとシフトし、現在までその傾向は続いています。近年では輸出国側の加工技術が向上し、製品の一部材の輸入も多くなっています。木材の輸送形態も、より緻密性が求められるようになっています。

木材移動で生じる環境負荷

木材は、「環境にやさしい材料である」といった表現に触れることがありますが、これは一考を要します。たしかに、木材自体は環境負荷の低い素材ですが、その輸送においては、二酸化炭素をはじめとする環境汚染物質を大量に発生させます。

単に経済合理性を追求するだけではなく、木材の輸送（運材）距離を可能なかぎり小さくし、輸送に伴う環境負荷の低減に努めなければ木材利用のメリットを大きく損なってしまいます。

これからの木材利用は、木材移動が及ぼす環境への負荷を強く意識し、かつての木材利用の仕方を見直し、**地産地消**型の林業を再構築していくことがきわめて重要です。

地産地消
↓180ページ

15

林業機械化の歩み①　～戦後から高度経済成長期～

林業の機械化が進んだのは　つい60年ほど前

これまで概観してきたように、林業の生産過程は、苗木の植栽に始まり、育林作業を経て（育林生産過程）、伐採・造材・運材という過程（伐出生産過程）をたどります。

林業生産の現場に、自動車が導入されるまでは、育林生産過程においても、植林現場までの移動、苗木・下刈り鎌・鉈などの手道具の現場への搬入など、ほとんどの作業が人力や牛馬などの畜力によってなされていました。

また、伐出生産過程においては、作業の対象が長大な重量物である立木や丸太ですので、たいへんな危険と労力を要する作業にもかかわらず、動力付きの林業機械の利用は、つい60年ほど前までは実現しませんでした。

木材需要の高まりと同時に進んだ林業の機械化

日本における林業の機械化は、集材・運材から始まりました。かつては牛馬搬、**木馬**《きんま》、**ヤエン**、**修羅**《しゅら》、**流送**など、畜力・人力・自然力を活用した丸太の運搬が行われており、いずれも江戸時代から１９６０年代まで続けられていました。

こうした方法と並行して、林業の世界にも、徐々に機械が導入され始めます。１９０１年に長野県木曽地域に**森林軌道**が開設されたのを機に、その後、青森、秋田、高知などの**国有林**を中心として、鉄道による運材が開始されるようになりました。

20年にはアメリカ製の蒸気機関集材機が輸入されて、木曽において使用され始めています。さらに、28年には外国産のガソリンエンジン集材機が導入され、30年には国産初のガソリンエンジン集材機が開

用語

木馬
山地で集材に使う橇《そり》。木馬道《きんまみち》を用い人力でひく。1960年代中ごろにはほとんどみられなくなった。

ヤエン
明治期～昭和中期ごろ（1960年代）に行われた搬出方法の1つ。伐採地から下方（低位置）に向かって張られた鉄線を利用し、小径丸太などを自重によって搬送。一般に、木製の鈎《かぎ》や滑車を介し、丸太の2箇所を鉄線に吊り下げて搬送する「飛ばし」と呼ばれる方法が用いられた。

修羅
集材・運材用構造物の1つ。丸太を並べ、あるいは組み合わせて造られる樋《とい》状の滑路。一

発されています。

伐採・造材作業では、48年に国産2人用チェーンソーが登場します。その後もアメリカから様々な機械が輸入され、しだいに2人用から1人用へと替わっていきました。54年に北海道を襲った洞爺丸《とうやまる》台風により、甚大な量の風倒木が発生すると、その処理を目的に大量のチェーンソーが輸入され、これを契機に全国へと普及することとなりました。

高度経済成長期を迎えると、大量の木材需要に対応するためにいっそうの機械化が進展します。55年には国産刈払機が登場し、育林の機械化も始まりました。苗圃で用いられる「根切掘取機」や「植付機」などは農用にも転用できるため普及し、小型エンジンを使用した「植穴掘機」も登場し、苗圃作業、造林・育林作業の機械化が進められていきました。

機械化されても残る労働面の問題点

1964年に「林業基本法」が施行されると、機械化の様相に変化が訪れます。

手道具から動力付きの機械へという変化はそれまでの傾向を引き継ぎますが、木材の運搬については、明らかに異なる変化をみせるようになりました。

それまでのヤエンや流送による運材、その後の森林軌道の導入も河川に沿ったルートを取るものがほとんどで、詰まるところ、重力を利用した上から下への移動でした。それが、複数の河川流域を水平方向に自動車道で結び、トラックによる輸送を主力とすることで、広い経済圏の木材需要に対応できるように変わってきたのです。

これまでみてきたように、林業の機械化は、大量の木材需要に応えるための生産の合理化を狙ったものでした。

一方で、1人が担う作業工程が増えるなど労働者に無理を強いることにもなりました。そして、「3K労働」と呼ばれるような、ひじょうに危険度の高い産業としてのイメージを林業に定着させることにもつながってしまったのです。


般に搬出しようとする材を用いて製作し、最終的には修羅自体を上部より順次解体し、用いられた材も搬出・利用する。河川上に構築されるものを「川修羅」と呼ぶ地域も存在。1960年代中ごろにはほとんどみられなくなった。

流送
水力（河川）を利用した伐採木の出材・運材方法の総称。日本では、1950年代より急速に用いられなくなり、1960年代中ごろにはほぼ完全に消失。

森林軌道
林地からの丸太搬出に用いられる小型鉄道。森林鉄道の1種。

国有林
→64ページ

16 林業機械化の歩み②
～高性能林業機械の登場～

林道網の整備に伴い 高性能林業機械の普及が進む

林道網が整備されていくと、林業の機械化は急速に加速していきました。１９６５年ごろからは、狭い林内作業路に導入が可能な各種の小型運材車が開発され、広く普及していきました。

60年代後半になると、以下に紹介するような各種の林業機械の開発が、北欧や北米を中心に盛んになります。

代表的なものとして、フェラーバンチャー、プロセッサー、ハーベスターが開発されました。これらの多工程処理機械は１９８７年より北海道を中心に導入され始め、**高性能林業機械**と呼ばれるようになります。

高性能林業機械の種類は、先に挙げた伐木と造材に使われる3機種以外にも、スキッダー、フォワーダー、タワーヤーダー、スイングヤーダーなどが存在します。

日本における高性能林業機械の保有台数は、88年には全国で23台にすぎませんでしたが、95年には１０００台、２００６年には３０００台を超え、20年には１０８５５台となっています。

同年度の機種別保有台数は、フォワーダーが２８８８台、プロセッサーが２２１０台、ハーベスターが１９９７台、スイングヤーダーが１１１７台、タワーヤーダーが１４１台、スキッダーが１０６台、フェラーバンチャーが１７２台です。

このうち、保有台数の伸びが大きいのはフォワーダー、ハーベスターです。作業道の整備が進んだことによる運搬の効率化、より多くの工程に使用できる機械を採用するようになってきたことが理由となっています。

用語

高性能林業機械
2つ以上の仕事を1つの工程でできる林業機械。

主な高性能林業機械の種類

林業機械の名称	特徴
フェラーバンチャー 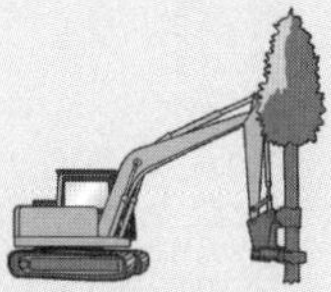	伐倒（felling）と集材（bunching）を行う機械。伐倒方法の違いにより、刃物によるハサミ式とチェーンソー式に大別される。日本での導入台数は少ないが、作業道作設と支障木処理が同時にできるバケット付きフェラーバンチャーが開発され、導入台数を増やしている。
プロセッサー 	造材（Processing）を行う機械。枝払い、測尺（採材）、玉切りを瞬時に行うことのできる造材専用機械であり、急傾斜地が多い日本では導入台数が多い。
ハーベスター 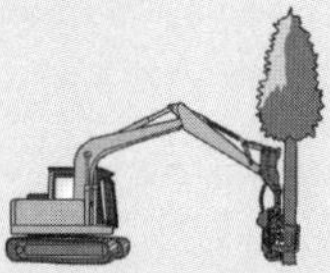	名称が示すとおり、伐倒から造材、集積まで、すべての作業をこなすことができる機械。緩傾斜地の多い北海道や東北地方での導入台数が多い。
フォワーダー 	林内で造材された木材を集積場まで運搬するための機械。グラップルクレーンを搭載するものやダンプ機能を有するものなど多様。日本では最も導入台数が多い。
スキッダー 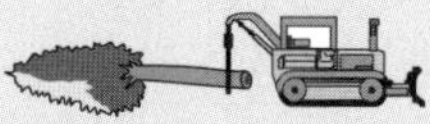	伐倒された立木を枝条のついた全木、あるいは枝払いをした長材のまま地引運搬する機械。グラップルが搭載されており、容易な積み込みが可能。急傾斜地の多い日本では導入台数が少ないが、オーストリアでは架線を使って移動するスキッダーが開発され、実証実験が行われている。
タワーヤーダー 	人工支柱を有した集材機。元柱を人工支柱とすることで容易に架線の架設・撤去が可能。搬器操作をリモートコントロール化することにより安全性も確保。日本における普及台数は少ないが、小面積皆伐作業に適しており、今後の普及が見込まれる。
スイングヤーダー 	建設用重機に２胴ウインチドラムを取りつけた集材機械。架設・撤去が容易で、間伐に適していることから急速に普及。

17 林業労働災害の現状

多様な作業システムの導入で効率化と安全性を確保する

　これまで概観したように、かつての林業では、手道具による伐木・造材、畜力・人力・自然力による集材・運材が行われていました。しかし、現在では経営規模、**路網密度**、地形などに応じて次のような作業システムが組まれます。

　緩傾斜地における作業には、チェーンソーと林内作業車、あるいはハーベスターとフォワーダーによる**短幹集材**システムが一般に選択されます。中傾斜〜急傾斜地の場合は、その林地の路網密度が高ければ、緩傾斜地と同様に短幹集材システムが選択されますが、そうでなければ、架線集材を組み入れる場合もあります。チェーンソーで伐倒して、スイングヤーダーによる中距離架線集材、プロセッサーによる造材を行う**全幹集材**システムが選ばれることも一般的です。林道の開設が困難な急峻地では、タワーヤーダーや従来の集材機を用いた架線による**全木集材**システムが採用されることが多いようです。そのほか、利用可能な機械や作業場所の地形によって、それぞれの条件に適合した作業システムが選択されます。

　こうした多様な作業システムは、作業の効率化はもちろんですが、安全性を高めることも目的に導入されました。その成果もあり、林業事故の件数は減少しつつあります。しかしながら、作業の効率が高まるということは、当然大きな力を利用するということですので、いちど事故が起きてしまうと、命に関わる重大な事態につながってしまうというジレンマに陥ることにもなります。

林業分野で喫緊に求められる労働災害防止対策

　林業の労働災害の発生確率は千人当たり28・7人

用語

路網密度
森林面積1ha当たりに敷設された路網の総延長距離（m）で示される。

短幹集材
伐採木の集材方法の1つ。立木を伐倒・枝打ち・玉切りを行い、小型運材車等で集材する方法。短幹方式、普通集材とも。

全幹集材
集材方法の1つ。森林において全幹材を集材する作業法。全幹方式とも。

全木集材
伐木現場で造材を行わず、枝葉付きの伐倒木をそのまま集材する作業法。全木方式とも。

と、他産業と比べると何倍も高い数値を示しています。天候などに影響される屋外での作業であること、日本では地形的に足場の悪い急傾斜地における作業が中心となること、作業の対象が長大な重量物であること、切削・切断を伴う危険作業であることなど、その原因は枚挙にいとまがありません。

林業・木材製造業労働災害防止協会の調べでは、2021年の死傷者数は1235人（うち死亡者は30名）に上っています。また、近年の死傷災害を事故型別にみると、切創（刃物による傷）、激突、飛来・落下が多くを占め、起因物別では、立木に挟まれる事故やチェーンソーによる事故が大半です。

災害発生時の状態を検証すると、危険場所への無造作な接近や、機械類の誤った操作による事故が、全体の60％以上を占めています。

林業への新規就業者が増加している今日、指さし呼称の励行や合図の徹底、**KY活動**の充実や作業ミーティングの実施、研修制度の充実など、これまで以上に労働災害防止対策が求められています。

林業における死傷者数の推移（2000年以降）

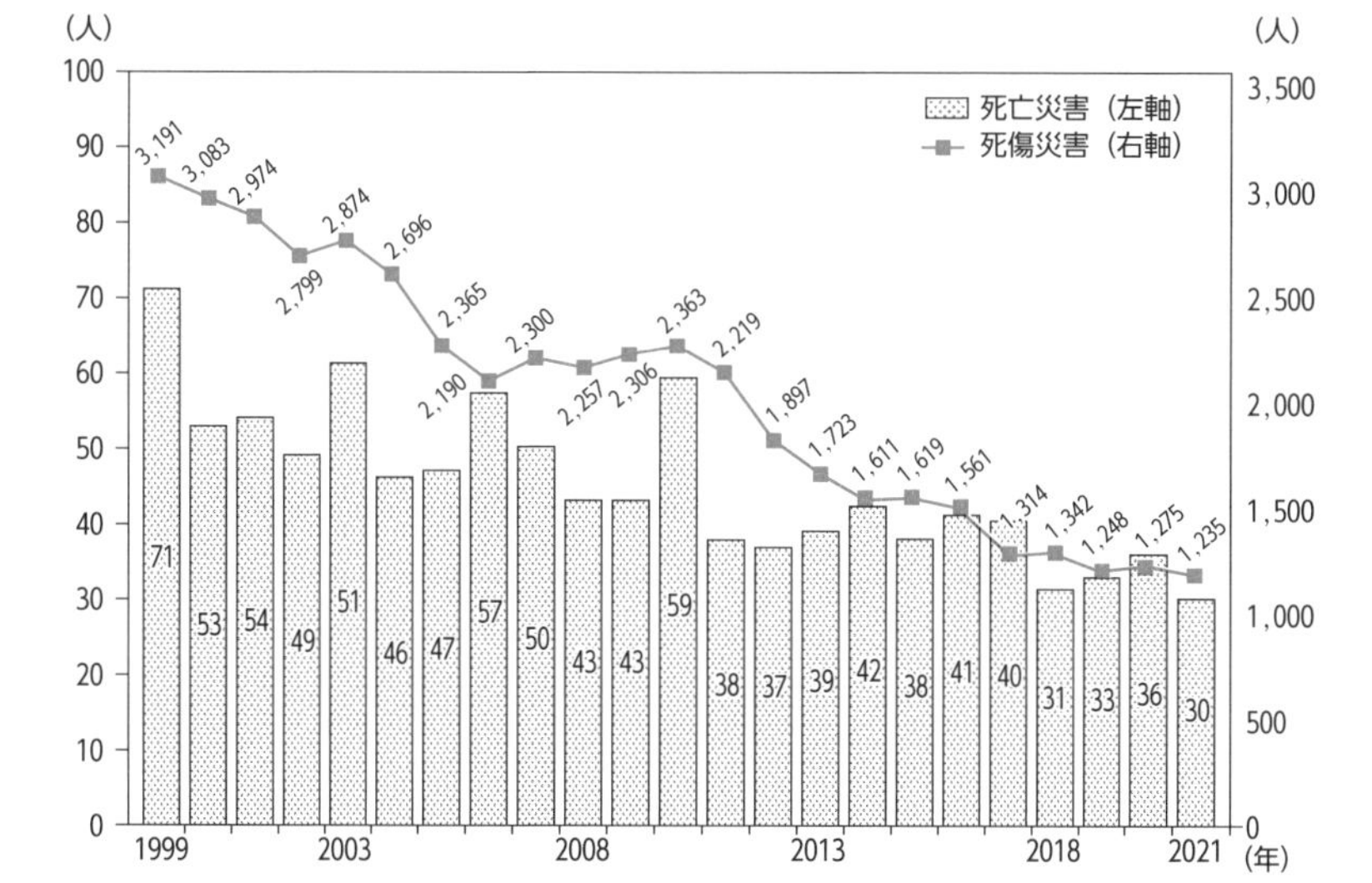

注：2011年は東日本大震災を原因とするものを除く　　出典：労働者死傷病報告（厚生労働省）

林業・木材製造業労働災害防止協会
事業主が自主的な労災防止活動を促進することにより、安全衛生の向上を図り、災害の根絶をめざすことが目的。1964年に「労働災害防止団体等に関する法律」に基づき設立、89年に特別民間法人へ移行。通称「林災防」。

KY活動
林業や建築業などにおける危険度の高い作業に従事する作業者が、事故・災害等を未然に防ぐことを目的に、当該作業に潜む危険を事前に予想し、作業従事者同士が指摘し合うことを習慣づけるために実施される訓練・活動。危険予知訓練とも。

コラム 2

人の手で植生遷移を早める

●伐採跡地をどうする?

樹木を収穫した後には伐採跡地が残ります。再び森をつくっていく必要がありますが、どのような方法があるのでしょうか。

まず、引き続き丸太生産を行うのであれば、建材などで利用価値の高いスギやヒノキの苗木を植林し、これまで紹介してきた手順で育林していきます。一方で、丸太生産をやめて自然にかえすという考えや、建材以外に用途のある広葉樹の森をつくるという方法もあるでしょう。広葉樹の森にするには、通常の植生遷移で数百年かかりますが、人の手を加えることで遷移を早めることができます。その1例が「誘導伐」という方法です。

ケヤキ・ナラ・カシ・シイなど極相林(植生遷移の最終段階に達した森林)を構成する樹種の生育を助けてやることが主な作業で、蔓切りのほか、大きく育てたい木の周囲の植物を刈って光を当てる「下刈り」、不要な木や成長の悪い木を切る「除伐」などを行います。こうすることで、自然に任せるよりも早く、広葉樹を主体とした自然林がつくられていきます。

●遷移の最終段階に達した人工の森

植生遷移のしくみを大いに活用し、原始に近い森を人の手でつくった事例があります。それが東京の都心にある明治神宮の森です。今から約100年前の大正時代初期、「自然林に近い状態で永遠に続く森をつくる」という理念の下、明治神宮の創建に合わせてつくられました。

日本各地から献木された10万本もの樹木を5年がかりで植林したのですが、当初はマツを中心に、間に成長の早いヒノキやサワラ、スギ、モミなどの針葉樹を植え、さらにその下に将来の主木となるカシやシイ、クスノキなどの常緑広葉樹を植えました(第1段階)。その後、マツが枯れ、ヒノキやサワラなどの針葉樹が主となり(第2段階)、しだいにカシやシイ、クスノキなどの常緑広葉樹が林相の中心を占めるようになります(第3段階)。最終的には、カシやシイ、クスノキなどを主とした極相林となり(第4段階)、世代交代を繰り返して現在に至っています。

林業は植物の性質や自然条件、そして植生遷移を深く理解し、そのうえで用途に合わせた森づくりを行う営みです。経済林の育成も明治神宮の森づくりも、基底に流れる原理は大きく変わらないのです。

第4章

林産業を知る
～木材を加工・消費する～

1 林業から林産業へのバトンタッチ

第3章で紹介したように、林業の各工程は、種苗生産業者の生産物である苗木に始まり、その苗木を利用（消費）して造林業者は立木《りゅうぼく》を生産し、さらに伐出業者（素材生産業者）、は立木を伐採・造材して丸太（素材）を生産します。林業とはこれら一連の過程を総称したものです。

そして、この章ではその後の工程、つまり、伐り出された木材が、山の現場から運び出された後の工程について概観します(※)。

丸太から木材や木質材料を生産する林産業

山で生産された丸太は、運材業者の手によって市場（「素材市場」あるいは「原木市場」と呼ばれます）へ運ばれます。市場で競《せ》りにかけられ、落札された丸太は**製材**業者の手に渡ることが一般的です。

私たちが木材を利用する際に丸太のままで利用することはきわめてまれで、多くの場合、板や柱などの木材、さらには、それらの複合物・加工品としての家具や家屋といったかたちで利用します。

製材業者は丸太から、こうした板や柱を生産することを仕事としていますが、この製材業以降の工程を林産業と呼んでいます（広い意味の林業に加えることもあります）。

林産業の工程は、丸い（円柱形の）丸太から、四角い（直方体の）製材品を得るために行われる製材が基本となりますが、近年ではそればかりではなく、**合板**や**集成材**といった木質材料の製造や、**プレカット加工**、防腐・防蟻処理、塗装、プラスチックなど、ほかの素材と木材を組み合わせた材料を製造したりと、利用の目的に応じた実に様々な加工が施されます。丸太から木材・木質材料を生産する工程が林産業なのです。

用語

※本章では、代表的な木材利用の形態である、人工林で生産されたスギ・ヒノキ・カラマツなどを建築材料として利用する場合を念頭に置く。

製材
→114ページ

合板
→111ページ

集成材
→111ページ

プレカット加工
→115ページ

さらに建築業などにわたされ、最終製品になる

林業の工程では丸太が生産され、林産業の工程ではその丸太を利用して木材・木質材料が生産されます。その木材・木質材料を利用（消費）して様々な製品が製造され、ようやく私たちが利用するかたちとなります。家具や家、工芸品などがその代表です。

板や柱といった製品も、一般に、市場へ運ばれ、競りにかけられて売買されます。こうした市場を「製品市場」と呼んでいます。素材市場の多くが育林・伐出の現場に近い農山村部に所在するのに対し、製品市場の多くは都市、またはその近郊に所在しています。

製品市場では、街場の材木店や大工、工務店が買い手として取り引きに参加します。そして、そうした諸職の手によって、金属、合成樹脂、コンクリートなどの様々な材料と組み合わされ、家具や家などの最終製品となり、私たちの生活を支えています。

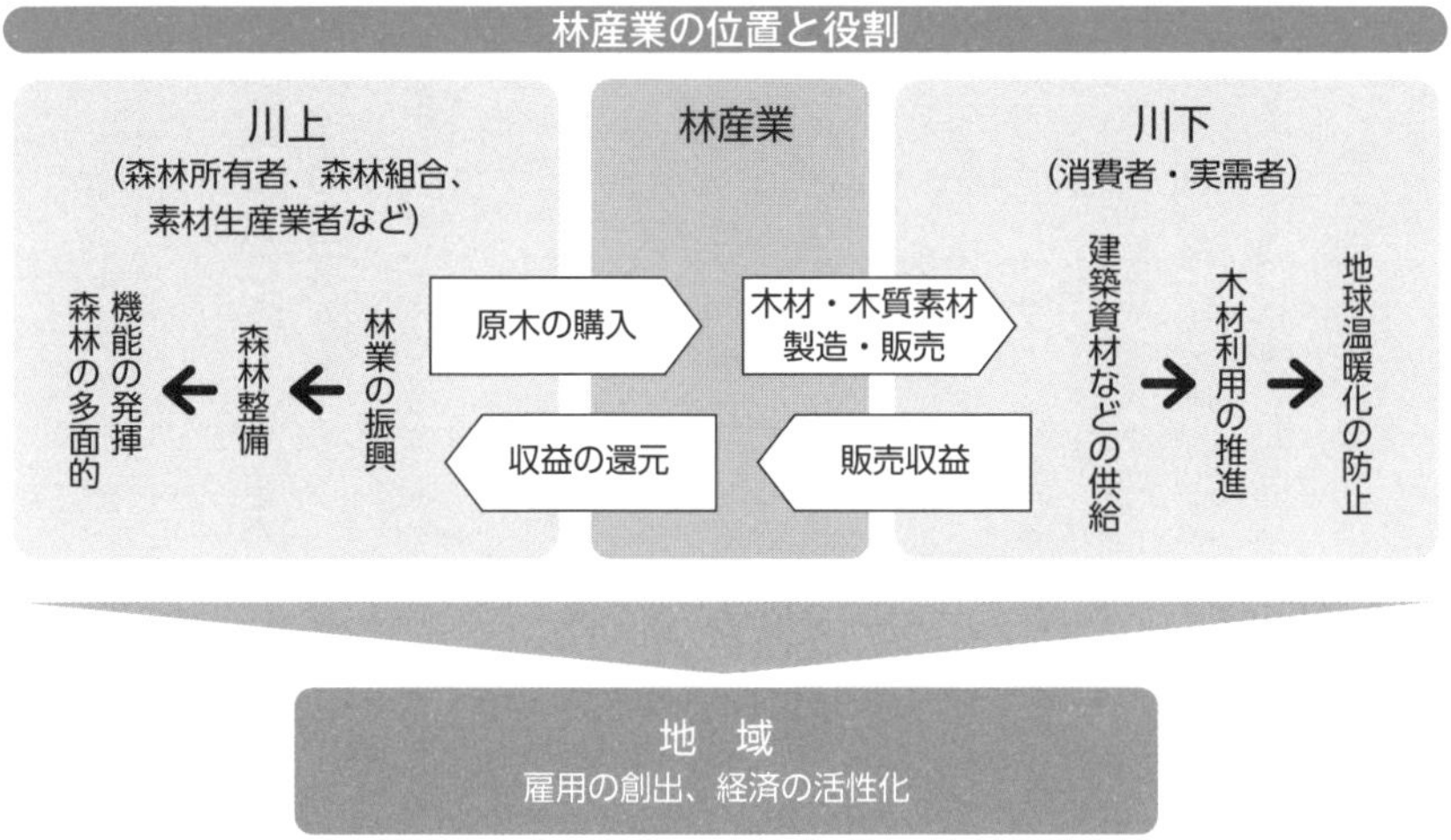

資料：林野庁『平成27年版 森林・林業白書』より一部改変

2 木材の強さの秘密

樹幹の細胞は死んでから本来の役割を果たす

樹木の樹幹、特に**木部**《もくぶ》の組織構造は主に3つの役割を担っています。

1つめは、大きな樹体を支えること。2つめは、根で吸収した水分などを葉まで通導させること。3つめは、葉でつくった養分を貯蔵することです。実は、樹幹を構成している細胞のほとんどは死んでいる細胞で、生きている細胞は全体の約1割にすぎません。この生きている細胞群は「柔細胞」と呼ばれています。

大きな樹体を支えるために、細胞を囲む細胞壁が厚く・硬くなった時点で**原形質**が失われますが、これにより、はじめて水分が通導できるようになります。つまり、木部の細胞の多くは死んでから重要な仕事を始めるというわけです。

鉄筋コンクリート構造に似た木材の組織構造

樹幹の細胞をみると、様々な形や寸法の細胞が、様々な組み合わせで配列しています。その細胞の集まり方（組織構造）を観察することで樹種を判別することが可能です。樹体を支える機能をもつ細胞は、針葉樹では「仮道管」、広葉樹では「木部繊維」という細長い細胞です。これらの細胞壁が樹幹、さらには木材の強さを保っています。

そして、その強さには、3つの構造上の秘密があります。1つめは、細胞壁という中空《ちゅうくう》のパイプが束になる「ハニカム構造」となっていることです。これにより、軽く、強い構造ができます。2つめは、細胞壁をさらに電子顕微鏡で観察するとみえてきますが、引っ張りに対してひじょうに強い性質をもつ「セルロースミクロフィブリル」という細長い繊維

用語

木部
形成層の活動によって樹心側に形成された細胞群。いわゆる木材をなす部分。茎および根の強度を確保し、水分通導に役立つ。

原形質
細胞の生きている部分を構成し、生命活動の基礎となる物質。核・細胞質およびそれらを包む細胞膜からなり、全体としてコロイド状になる。

が集まって、細胞壁ができています。この繊維が、軸向きに対してわずかに傾いて「ヘリカルワインディング構造（縄のようにひねられた構造）」をもつことで、さらに強度性能を向上させています。3つめは、細胞壁はセルロースミクロフィブリルのほかに**ヘミセルロース**と**リグニン**という物質で構成されていますが、これらが鉄筋コンクリートと似た構造となっていることです。つまり、セルロースミクロフィブリルが鉄筋、ヘミセルロースが砂利などの骨材、リグニンはセメント、というように異なる性質の物質が補強し合った構造になっています。特に、木質素とも呼ばれるリグニンがセルロースミクロフィブリルを固化させることで、細胞壁自体の強度が大いに高まります。

特殊な組織構造から生まれる木材の多機能性

樹幹の木部の組織構造は、私たちが暮らしの中で木材として利用する際に、いくつもの機能を発揮しています。「木材は呼吸している」とよくいわれますが、それは木材内に含まれた水分が大気中の湿度と平衡するように出入りするためです。木材が自然に室内の湿度を調節してくれるのです。

また、木部組織の空隙の割合が高いほど断熱性が高まり、その機能を利用して、南極の昭和基地は木造となっています。さらに、触感、弾力性、吸音性などにも木材の組織構造が関連しており、快適な暮らしを支えるのに欠かせない材料となっています。

木部の組織構造

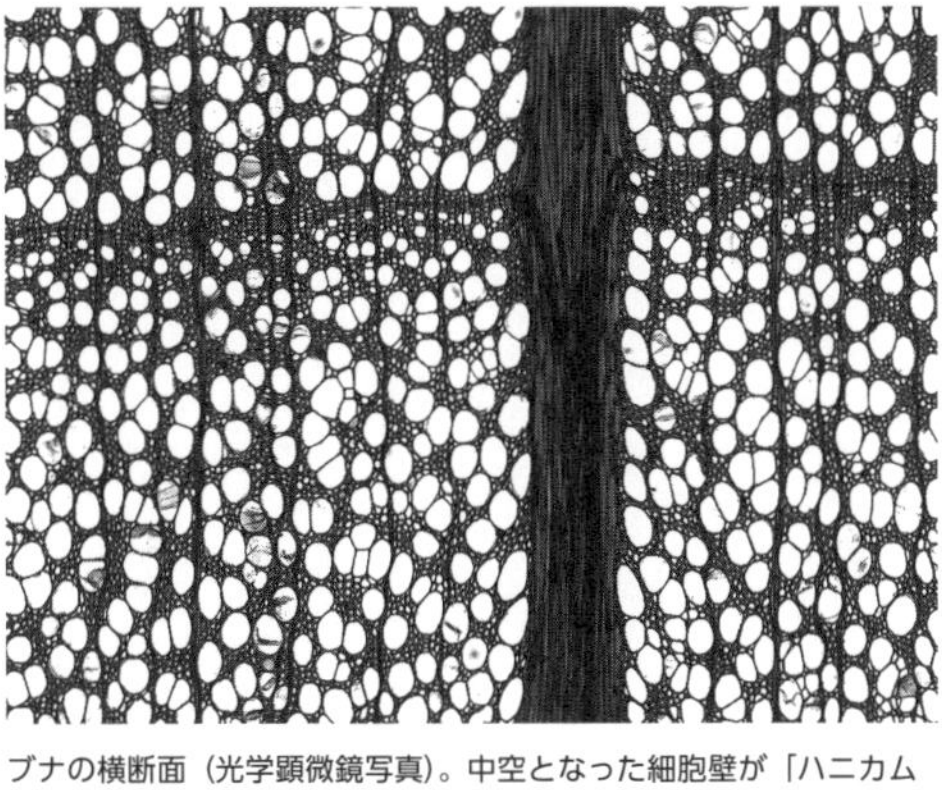

ブナの横断面（光学顕微鏡写真）。中空となった細胞壁が「ハニカム構造」と呼ばれるハチの巣に似た構造を形成して、“軽くて強い”という木材の特徴が生まれる。

ヘミセルロース
植物細胞壁に含まれるセルロース以外の多糖類の総称。アルカリ抽出によって得られる。植物中におよそ30%ほど存在。

リグニン
→54ページ

3 人々の生活を支える樹木 ～針葉樹と広葉樹の用途～

日本では木材の建材利用が多い

日本では古くから、樹種ごとの特徴や性質をいかして、それぞれ用途に即した木材の利用を図ってきました。建築、土木、家具、木工品、道具、バットなどのスポーツ用品、楽器、パルプ、薪や木炭といった燃料など、その用途は様々で、私たちの生活を支えてきました。

木材利用の代表は、世界的にみると燃料ですが、日本では建材としての利用が主です。日本の文化が「木の文化」と称される基底には、優れた木造建築があります。

建材に向く針葉樹

建材として広く利用されてきたのが、スギやヒノキをはじめとした針葉樹です。

針葉樹は英語で「ソフトウッド」と呼ばれるように、一般に軽くてやわらかいので加工しやすいのが大きなメリットです。**木部**に仮道管という空洞の多い組織が整然と縦に並んでいるために、縦にきれいに割れる性質があり、同時に縦方向の力に対してとても強く丈夫です。またスギやヒノキなどは、幹が分かれずにまっすぐに育つので長い材がとれます。木肌がしっとりとした光沢をもち、木目も通っているので見た目が美しいのも特長です。

建材ではありませんが、針葉樹の縦に割れる性質を利用してつくられたのが割り箸です。割り箸は、もともとはスギで酒樽をつくったときの端材の有効利用から生まれたものです。

家具や内装材、木工品に向く広葉樹

対して、広葉樹は家具や内装材、木工品などによ

用語

木部
↓106ページ

く使われます。英語で「ハードウッド」と呼ばれる広葉樹は、一般に材が重くてかたく、傷や摩耗に強いというメリットがあります。一方、広葉樹の木部の大部分は木繊維という空洞の少ない組織が複雑に絡み合っているので、針葉樹と違ってうまく割れず、加工には高い技術を要します。

しかし、表面の色彩の豊かさや、美しくバラエティーに富んだ木目模様をうまくいかして、多くの家具や内装材、木工品が作られています。キリのタンスは特に有名です。

ただし、針葉樹は建材に、広葉樹は家具や内装材、木工品にと決まっているわけではなく、例外はたくさんあります。同じ種類の樹木でも、陽当たりの良し悪し、風の強さ、土壌の状態などの生育環境、あるいは育林方法によって、性質も微妙に異なってきます。

材の特徴と性質を見極め、様々な樹種が適材適所に使われることにより、日本は木の文化を守ってきたのです。

木材の主な用途と樹種

建材	柱	スギ、ヒノキ、ツガ、トドマツ、エゾマツなど
建材	土台	ヒノキ、ヒバ、カラマツなど
建材	梁・桁	アカマツ、ベイマツなど
建材	床板	荒床：合板、スギ、ヒノキなど 仕上床：ブナ、ナラなど
建材	天井板	スギ、ヒノキ、サワラ、ベイスギ、モミ、キリなど
建材	長押	スギ、ベイスギ、ヒノキなど
建材	敷居 鴨居	スギ、ヒノキ、ツガ、トドマツ、エゾマツなど
建材	床柱	スギなどの磨丸太、コクタンなど
建材	仮設	型枠：合板 足場：スギ、ヒノキなどの丸太
建材	壁パネル	カラマツ、ラワンなどに合板張り

家具・建具	箪笥	キリ、ケヤキ、チーク、クスなど
家具・建具	鏡台	カツラ、ハンノキ、キリなど
家具・建具	茶箪笥	ケヤキ、カキ、クワなど
家具・建具	座卓	ケヤキ、サクラなど
家具・建具	建具類	スギ、ヒノキ、サワラ、エゾマツ、トウヒ、モミ、ベイヒ、ベイスギなど
娯楽・スポーツ	琴	キリなど
娯楽・スポーツ	和太鼓	ケヤキ、サクラ、アカマツなど
娯楽・スポーツ	ギター	ヒノキ、エゾマツ、カエデなど
娯楽・スポーツ	バット	トネリコ、ヤチダモ、ムクノキなど
娯楽・スポーツ	将棋盤	カヤ、イチョウ、カツラ、ホオノキなど
日用品	下駄	スギ、ヒノキ、キリ、クルミなど
日用品	風呂桶	ヒノキ、サワラ、コウヤマキなど
日用品	まな板	ヒノキ、モミ、カツラなど
日用品	割り箸	スギ、マツ、ヒノキ、ヒバなど

※黒字は針葉樹、色字は広葉樹

4 木材の様々なバリエーションと性質

木材はひじょうに身近な存在

鉛筆やバット、食器などの道具、そして紙も木材を原料としています。机やいす、本棚などの家具、ピアノやギターなどの楽器、建物の天井や床、壁などの内装材、さらには自動車などにも内装材として使われています。また、木造住宅の柱や梁といった建築物の構造材としても多く使われています。

このように、私たちの生活の、およそあらゆるところで使用される木材ですが、樹種だけでなく、木材そのものにも様々な特徴をもつものが多様に存在します。重くかたいもの、軽くやわらかいもの。年輪が明瞭なもの、不明瞭なもの。白や黄色、赤色、黒など様々な色や模様があるもの。こうした様々な木材がその性質によって、それぞれに適する用途で使われています。

住宅の構造材には、曲がりが少なく、かつ軽い割に強さのあるスギ・ヒノキなどの針葉樹材が、机やいすにはかたさと重厚感のあるミズナラやブナなど広葉樹材が多く使われます。また、内装材にはデザイン性が重視され、室内に明るさを与えるもの、逆に暗さを与えるものなどを部屋によって、使用者の好みによって使い分けています。

美しさと強度を両立させるための加工技術

木材は鉄や石などに比べて、比較的加工しやすい材料です。このことが、いたるところで身近に利用される理由の1つなのですが、それだけではなく、色合いや模様の美しさも多くの人々に使用される大きな理由になっています。

しかし、この加工の容易さと美しさは、ときとして両立しないことがあります。例えば、複雑な木目

用語

を持つ木材はデザイン性に優れていますが、加工が難しく、また強度を低くしてしまうという欠点があります。特に、節はその代表で、周辺と繊維の方向が異なるため加工が難しく、反面、繊維がつながっていない場合（死節）は強度上の問題ともなります。

そのような木材の欠点を克服する方法として、現在では様々な木質材料が開発されています。例えば**集成材**は、木材を角棒状にバラバラにして、欠点を含む部分を取り除いてから、接着して大きな材料としたもので、強度性能にバラツキをなくした材料です。大きさは自由に設定できます。

こうした木材利用はけっして新しい考え方ではなく、現在においても世界最大級の木造建築物である東大寺大仏殿（1709年に再建）の柱は金釘や金輪で複数の木材を寄せてつくられており、集成材の原型といってもよいでしょう。木材接着の歴史も長く、様々な特徴を持った接着剤が開発されています。

木質材料には、そのほかに**合板**、**パーティクルボード**、最近は**CLT**など、様々な種類があります。

木質材料は、無垢の木材の性質を受け継いでいますが、異なる性能ももっています。以前は目に触れない下地材として使われてきましたが、それらの木目は多様であるため、デザイン性も評価され始め、新たな材料として注目され始めています。

主な木材製品とその特徴

主な木材製品	特徴
合板	3枚以上の単板（ベニヤ）を積み重ねて接着した製品。通常は各単板の繊維方向を1枚ごとに交差させ、奇数枚合わせとする。
単板積層材（LVL）	繊維方向が平行になるようにして単板（ベニヤ）を層になるように重ねて接着した製品。主として軸材料として使用。
パーティクルボード（PB）	細かく砕いた木材チップ（パーティクル）を、接着剤を使って加熱・加圧して板状にしたもの。材料は主に木造住宅の解体材が利用される。
集成材	製材された挽き板や小角材などを乾燥させ、節や割れといった箇所を除去し、繊維方向をたがいに平行にして貼り合わせたもの。
クロスラミネーテッドティンバー（CLT）	集成材の1つ。挽き板または小角材を繊維方向と直行するように交互に貼り合わせ、3層以上の構造としたもの。面材としての使用が主流。

集成材
製材された挽き板や小角材などを乾燥し、節や割れなどの欠点部分を除去し、繊維方向をたがいに平行にして接着剤を使って貼り合わせた材料。

合板
3枚以上の単板を積み重ね、接着剤で貼り合わせて1枚の板にした木質素材。

パーティクルボード
PB。小片に細分した木材チップ（パーティクル）を接着剤を用いて熱圧した板状の木質素材。

CLT
クロスラミネーテッドティンバー。集成材の1つ。挽き板または小角を軸方向（＝繊維方向）と直行するように交互に貼り合わせ、3層以上接着した製品。面材料としての使用が主流。直交集成板とも。

5 木材流通のしくみと変化

国産材の流通が複雑なわけ

国産の丸太や輸入された外国産の丸太は、**製材**工場、**合板**工場、木材チップ工場などで加工されます。さらに、**集成材**工場、プレカット工場などを介して二次加工されるものもあります。こうした木材製品は、家具・住宅メーカーや工務店、製紙工場、発電・熱利用施設などの最終実需者に供給され、家具や住宅、紙、エネルギーなどとして消費者に利用されることになります。

木材の流通経路は、外材と国産材とで大きく異なります。外材は、丸太も木材製品も商社や住宅メーカーが大量に買いつけ、その後も一貫した流通体制が確立されており、品質のそろった木材が安定的に供給されています。

一方、国産材は森林所有者や森林組合などの素材生産者による、立木《りゅうぼく》・丸太の販売にはじまり、原木市場（素材市場）、製材工場、製品市場、材木店・工務店・メーカーと、様々な人々の手を介して流通しています。木材は自然の産物ですから、工業製品に比べて品質や数量がどうしても不ぞろいになりがちです。製材工場や工務店など各流通のプロセスで、おのおのが求める品質や数量に応えるための仕分けや在庫を調整する機能を、複雑な流通ルートを通じて担っています。流通コストだけをみれば、できるだけプロセスを省いたほうがよいと思われがちですが、木材という性質上、このような流通システムが築かれてきたのです。

プレカット工場などの増加で流通に変化

ただし、近年、この流通に変化が起きています。大きな理由としては**プレカット加工**の普及にありま

用語

製材
→114ページ
合板
→111ページ
集成材
→111ページ
プレカット加工
→115ページ

す。プレカット工場で規格に沿って加工されるため、工務店や住宅メーカーが直接発注し、製品市場などを経由せずに、実需者の手に届くようになっています。

また、集成材工場や合板工場に供給される間伐材や曲がり材、規模の大きな製材工場に供給される丸太も、素材生産者から直接購入するケースも増えてきていますし、林業経営を行う森林所有者や森林組合では、丸太生産だけでなく、製材・加工・販売までを一貫して行うケースもあります。加工技術の向上により、木材製品の品質を保ちつつ安定的に生産できるようになったことが、各市場を介さないルートが増えている一因と考えられます。

一方、こうした動きとは別に、森林所有者と消費者を結びつける流通のあり方も模索されています。その代表例が後段で紹介する「顔の見える木材での家づくり」です。いずれにしても、木材の流通ルートは現在大きく変化しており、様々なルートで私たちに供給されています。

国産材の流通ルート

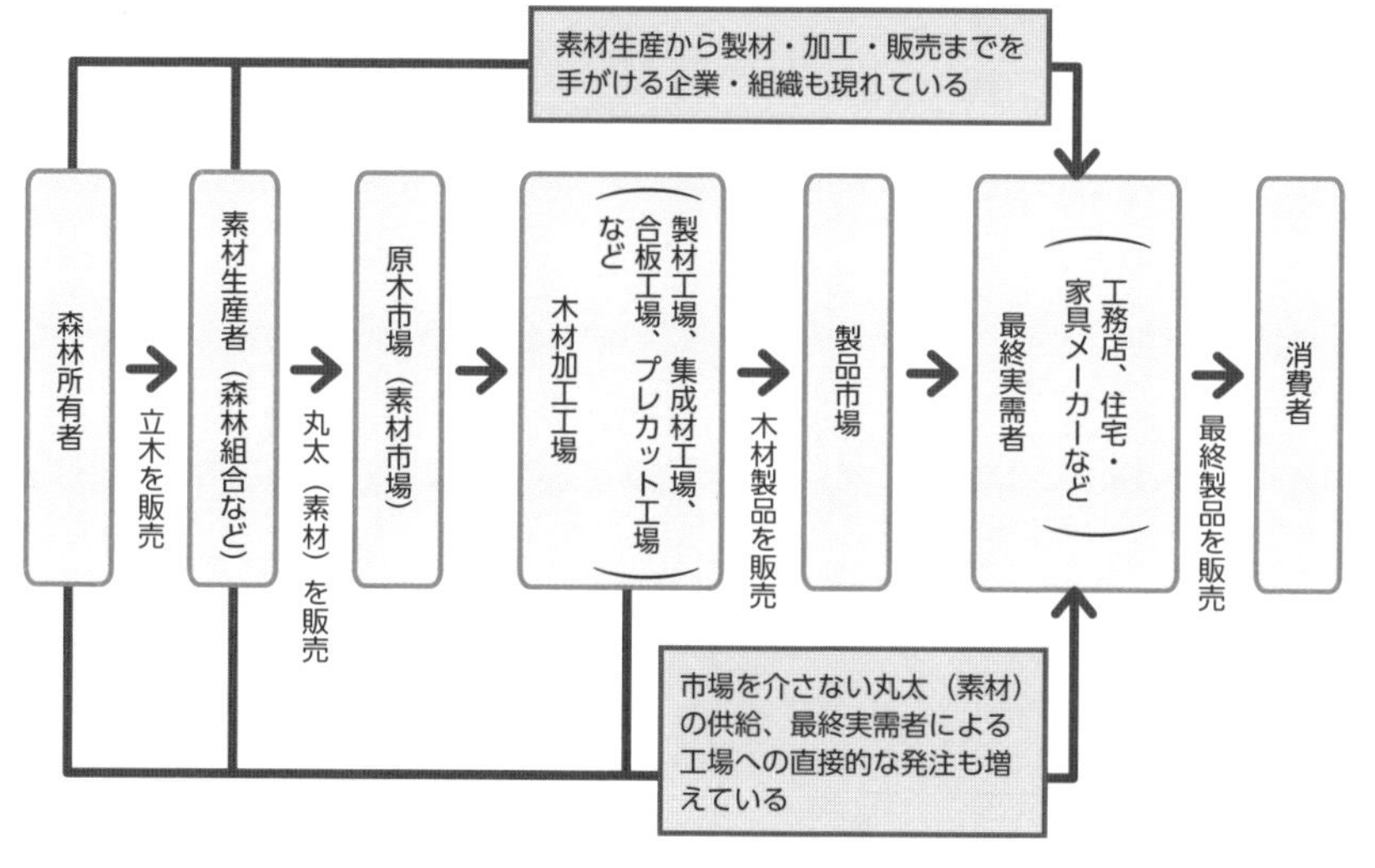

6 丸太から製材品へ

丸太から製材品までの基本の流れ

スギやヒノキなどの林木を伐採し、枝を払い、規定の長さに造材する作業が終わった原木(丸太)は、**製材**工場の**土場**《どば》に運ばれます。

原木（丸太）が柱や板などの製材品に姿を変える大まかな流れを左図に示しました。

まず、樹種や大きさなどによって仕分けされた原木は、その後の製材に備えて樹皮を剥《は》がされます（剥皮《はくひ》）。次に、大まかなかたまりに切り分けられます（大割《おおわり》）。大割りされた木材は中割《ちゅうわり》、そして小割《こわり》と、だんだんに細かな製材品を取っていきます。そして、寸法や品質などの規格に合わせて同種の製材品を選別し、一定量をまとめて梱包し、樹種名や材種などを印字して完成です。

大規模工場で製材される場合は？

基本的に、以上のような工程を経て丸太から製材品に加工されますが、大量の需要がある建築用材では、木材加工機械を備えた工場で加工されます。

まず、バーカー（剥皮機）と呼ばれる機械で樹皮を剥ぎます。回転する刃物で取り除く方法と、低圧水流を噴射して取り除く方法があります。

剥皮された丸太は自動的に直径別に仕分けされ、山積みにされます。その後、大割工程となり、送材車付き**帯鋸盤**《おびのこばん》やツインバンドソーなどの帯鋸機械により、丸太から角材（角類）にします。このほか、他の製品にするための前工程として、**たいこ材**やフリッチ（厚板）もこの工程で加工されます。

続いて、中割や小割工程では、たいこ材、フリッチ、角類を挽いたときに出る背板などから板材（板

用語

製材
丸太から角材・板材・割材などを生産する行為。生産された製品を指す場合もある。

土場
丸太などの輸送や、保管のために利用する一時集積場所。

帯鋸盤
木材加工機械のうち、製材機械および木工機械に区分される切断用機械。フレームに取りつけられた2個の鋸車《のこしゃ》に、エンドレスの帯鋸を掛けて緊張させ、一方の鋸車によって駆動し、テーブル上または送材装置で工作物を送り、主として縦ひき切断する機械。「バンドソー」とも。

類）や小さい寸法の角類を取ります。自動ローラー帯鋸盤などの帯鋸機械と、ギャングリッパーなどの丸鋸機械の双方が使われます。丸太から四角の材を取ると、場合によって角に丸い部分（丸身）が出ることがあり、これを「耳つき材」といいます。この部分を切りとる作業を「耳ずり」といい、エッジャーと呼ばれる機械が使われます。

製材された木材は、寸法や品質などの規格に区分されます。以前は、未乾燥材（G材）を建築に使用することが多かったのですが、木造建築における**プレカット加工**の普及により、乾燥材（D材）の需要が年々高まってきました。そのため、製材後に人工的に木材を乾燥する「人工乾燥」が行われます。

ここでは一般的な製材品の工程を紹介しましたが、使用する原木や製材品の種類、製材工場の規模や設備、地方によって様々な工程があります。少しでも効率的な利用を可能とするために、昔から様々な方法が考案され続け、そして、現在においてもその工夫は続けられています。

製材されるまでの基本工程

原木（丸太）	玉切りや枝払いなどを行った後の、切り出したままの木材。
↓ 剥皮	その後の製材工程に備えて樹皮を剥がす。
↓ 大割	大まかに切り分ける。製材工場では主に角材にする。
↓ 中割	大割された木材をさらに切り分ける。背板などから板材や小さい寸法の角材を取る。
↓ 小割	中割からさらに小断面の製品を取る。
↓ 耳ずり	耳つき材の丸みを取る。製材工場ではエッジャーという機械が使われる。
↓ 製品選別	寸法や品質などの規格に合わせて製品を選別。最終的に「人工乾燥」を施すことが多くなっている。

たいこ材
丸太側面の対向2面を削り落とし平面にした木材、またはその加工。木口の形状が太鼓型になる。「太鼓落とし」「ウェニー」とも。

プレカット加工
住宅建築における建築部材（柱・桁・梁など）の加工（仕口・継手など）をあらかじめ工場で行うこと。工期短縮のほか、建築現場における作業場所の確保が容易であることなどのメリットがある。

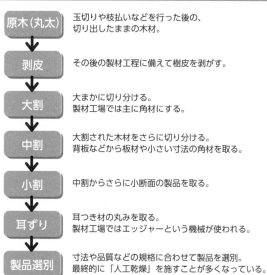

7

製材工場の歩みと現在

戦後の復興・経済成長を支えた製材工場

第二次世界大戦後、わが国は奇跡ともいわれた復興、そして経済成長を遂げましたが、その復興を支えたのは、1～2台の丸鋸《まるのこ》を備えたような小規模な製材工場でした。建築資材はもちろんのこと、大量の物資の輸送における各種の梱包資材や鉄道の枕木、電柱など、ありとあらゆる側面で木材が社会を根底から支えてきたのです。

1950年代半ばからの高度経済成長期には、さらに木材需要が高まり、数台の丸鋸では生産が間に合わなくなり、主力の機械は帯鋸に替わってきました。回転する帯鋸に、送材車という台車に載せた丸太を送り込み**製材**します。この送材車つき**帯鋸盤**以外にも、製材の現場には、自動ローラー付き帯鋸盤、テーブル帯鋸盤などが次々と登場しました。工場の出力数に注目すると、高度経済成長の終焉期に当たる1973年がピークになっています。

機械化が進む現在の製材工場

1980年代からは、間伐材などの小径木を角材（主に柱材）として使用することが進められました。量産型の製材工場では、送材車つき帯鋸盤では対応しにくいことから、帯鋸盤が2台向かい合わせになって、ある幅のものを一度に2面同時に挽くことができるツインバンドソーが普及してきました。これに合わせた送材方法として、丸太をかすがいで止めた送材車が往復して製材するのではなく、丸太の前後（元口側と末口側）を挟んで送る油圧式送材車やチェーン式搬送装置などが普及してきました。こうした製材機械は、製材と同時に、丸太の計測、木取りの決定、**挽き材**など大割工程の製材作業をコン

用語

製材
→114ページ

帯鋸盤
→114ページ

挽き材
のこぎりを用いた工作物（被削材料）の切断。「鋸断《きょだん》」とも。

チッパーキャンター
ノーマンツインバンドソー（無人作業を行うツイン帯鋸盤）・横型帯鋸盤・ダブルエッジャー（二側面の耳ずりを行う機能）・チッパーが1つに組み込まれた木材加工機械。回転する2枚の円盤型チッパーの間に丸太を送り、背板に相当する部分をチップ化しながら、たいこ材あるいは角材に加工。

ピュータ制御で操作することができるようになってきました。無人で行う全自動製材設備の場合、「ノーマン製材機」とも呼んでいます。

挽いた材が搬送装置に載って往復するような製材設備に対し、近年では、一方向に進むよう製材設備が配置されたワンウェイ式送材が、製材時間を短縮する超高速製材として取り入れられ始めています。

さらに、帯鋸盤から製材が始まり、中割、小割と数段階を経て製材を行う方式に対して、丸太を機械に投入し、一連の流れで角材や板材を直接製材品として得られる**チッパーキャンター**と呼ばれる製材機械が出現しました。最初は輸入品でしたが、その後、国産品も出てきました。

集成材や**合板**をつくる二次加工には、自動制御加工が取り入れられるようになってきました。特に木造住宅の構造用材の加工は**プレカット加工**が主流で、プレカット加工機械を使うシステムで行われています。また、量産型の家具製作などの木工作業は、コンピュータ制御の**NC加工機**に変わってきています。

動力出力別にみた製材工場数（2021年）

区分	単位	全国	対前年比（%）	構成比（%）
出力階層				
工場数計	工場	3,948	95.9	100.0
7.5〜 75.0kW 未満	工場	2,100	87.0	53.2
75.0〜300.0	工場	1,322	104.8	33.5
300.0kW 以上	工場	526	119.5	13.3
うち1,000.0kW 以上	工場	93	129.2	2.4
総出力数	Kw	737,633.1	122.9	—
1工場当たり出力数	Kw	186.8	128.0	—

75kW 未満の小規模な製材工場の割合が減少し、年々、大規模な製造工場の割合が増加している。
資料：農林水産省『令和3年 木材統計』

集成材
→111ページ

合板
→111ページ

プレカット加工
→115ページ

NC加工機
数値制御（NC）によって加工できる機械。

8 木材の規格と木材認証制度

国が定める2つの規格 JASとJIS

木材に関する国の規格として、「日本農林規格（JAS）」と「日本産業規格（JIS）」があります。

JASは、「**農林物資の規格化等に関する法律**」に基づき、農林物資について農林水産大臣がその種類を指定して規格を定めたものです。検査に合格した製品にJASマークをつけることを認める「JAS規格制度」と、品質表示基準に従った表示を義務づける「品質表示基準制度」から構成されています。

一方のJISは、「**産業標準化法**」に基づき制定される規格です。基本規格、方法規格、製品規格の3種類があり、主務大臣が日本産業標準調査会にはかって定めています。木材に関連するものとして、繊維板、**パーティクルボード**、木質セメント板、木製パレットや木箱などの規格があります。また、木材加工機械に関する規格や木材の試験方法についての規格もあります。

製品の多様化・高度化に対応したAQマークの認証

木材を使う側のニーズは多様化・高度化しており、JASやJISでは対応しきれない製品も多くなってきています。それに対応する規格制度としてできたのが、公益財団法人「日本住宅・木材技術センター」が定めた優良木質建材等の品質を認証する「AQ認証（優良木質建材等認証）制度」です。

屋外製品部材、防腐・防蟻処理構造用集成材、高耐久性機械プレカット部材、保存処理材などが規定されています。AQ認証には製品認証と項目認証があり、製品認証はJAS規格で制定されていない製品について認証を、項目認証はJAS規格に定められていない特殊な品質・性能を有する製品について

用語

農林物資の規格化等に関する法律
食料品等の品質や特別な生産方法で作られていることを保証する「JAS規格制度（任意の制度）」と、原材料・原産地等品質に関する一定の表示を義務づける「品質表示基準制度」からなる法律。

産業標準化法
「工業標準化法」を題名改正し、2019年に交付された法律。同年施行。適正かつ合理的な産業標準の制定・普及により産業標準化を促進するとともに、国際標準の制定に協力し、国際標準化を促進することにより、鉱工業品等の品質の改善、生産能率の増進その他生産等の合理化、取引の単純公正化および使用ま

認証し、認証製品にはＡＱマークを表示しています。

木材の国際取引に関する認証制度

その他の木材認証制度について触れておくと、例えば木材の輸出入に関しては、全国木材検査・研究協会が定める「輸出用木材こん包材制度」があります。木材で製造された梱包材に病害虫が付着していると、世界各国に被害が広がる恐れがあることから、各国で一定の植物検疫措置を取ることが必要とされ、国際基準が採択されました。これに基づいた消毒処理をした木材梱包材にマークを表示し、未処理材と区別できるようにしています。

また、木材の輸出入に関連して、「合法木材」という考え方があります。これは違法伐採木材の輸入を阻止するためもので、木材の産地国の森林関係法令で合法的に伐採されたことが証明された木材のことです。「**公共建築物等における木材の利用の促進に関する法律**」や、**木材利用ポイント**事業などで必要な要件となったことから関心を集めました。

木材の主な規格・認証制度

JAS 規格（日本農林規格）	JAS	製材、枠組壁工法構造用製材、集成材、枠組壁工法構造用縦継ぎ材、単板積層材、構造用パネル、合板、フローリング、素材、直交集成板についての規格を規定。
JIS 規格（日本産業規格）	JIS	繊維板（ファイバーボード）、パーティクルボード、木質セメント板などの規格を規定。
AQ 認証（優良木質建材等認証）	AQ	JAS 規格や JIS 規格では対応できないプレカット加工材をはじめとする木質建材が対象。

たは消費の合理化を図り、あわせて公共の福祉の増進に寄与することを目的とする。「ＪＩＳ法」「新ＪＩＳ法」と通称。

パーティクルボード
→111ページ

公共建築物等における木材の利用の促進に関する法律
公共建築物において、木材利用の促進に国が率先して取り組むとともに、地方公共団体や民間企業に対しても国の方針に則した取り組みを促すことにより、幅広い分野における木材需要を拡大することを目的とした法律。２０２１年に「脱炭素社会の実現に資する等のための建築物等における木材の利用の促進に関する法律」と題名改正。

木材利用ポイント
地域において流通する木材を活用した木造住宅の新築や内装・外装の木質化、木製品などの購入を対象として付与されるポイント。ポイントは地域の農林水産物との交換を可能とした。２０１３年～２０１５年に実施。

9 木造住宅のしくみと特徴

木造住宅の主な工法

木材需要の大きな位置を占めているのが住宅です。住宅には、主に木造、鉄骨造、鉄筋コンクリート造、補強コンクリートブロック造などがありますが、木造以外にも木材は使われます。どんな工法であれ、フローリング、壁や天井の内装などに木材や木質材料が多用されるからです。

ちなみに木造住宅とは、構造耐力上、主要な部分（構造材）に木材を用いる構造で建築された住宅をいいます。つまり、柱・梁《はり》・桁《けた》・壁など、家を支える構造部分が木材でできている住宅のことです。

木造住宅の建て方には主に次のような工法があります。

（1）在来工法

現在でも多くの木造住宅が在来工法で建てられています。基本構造としては、柱、梁、桁など角材を組んで建てられていくことから、「木造軸組工法《もくぞうじくぐみ》」とも呼ばれます。

主要な構造材がゆがんで外れたりしないように、「耐力壁」と呼ばれる壁を木材の軸組と組み合わせます。さらに、耐力壁には、**筋交**《すじかい》や構造用**合板**などの面材で補強され、地震などの揺れに強い家屋がつくられていきます。

「在来」という言葉から、すべて日本古来の工法なのではないかとイメージされがちですが、耐力壁による補強などは建物の耐震性を簡単に高める方法として、明治時代以降に普及していきました。釘を使ったり、部材同士の接合部も金物を使って補強したりするのが一般的です。

（2）ツーバイフォー工法

フレーム状に組まれた木材に、構造用合板を打ち

用語

筋交
建築物において、水平力に抵抗するために柱間に対角線上に斜めに挿入される木材等の材料。

合板
→111ページ

つけた壁や床などの面材で支える箱型構造の建て方です。下枠・縦枠・上枠など主要な部分に、公称2×4インチに代表される**ディメンションランバー**と呼ばれる角材を使用することから、2×4工法（ツーバイフォー工法）と呼ばれます。また在来工法と違って主に壁面で支えることから「枠組壁《わくぐみかべ》工法」とも呼ばれます。アメリカから輸入された工法で、日本では1974年から建築許可が下りました。

この工法は、各面のパネルを工場で組み立ててから建設現場に搬入するため、工期が短くなります。一方、壁面で支えることが重要なので、窓枠の取り方やリフォームの際に制約されることがあります。

このほかにも、木材や木質素材で床や壁、天井などをあらかじめ工場でつくっておき、現場では加工をせずに組み立てる「木質プレハブ工法」、ログハウスでおなじみの、丸太を井桁状《いげたじょう》に組み上げて柱を使わずに壁をつくる「丸太組工法」などが、木造住宅の代表的な工法です。

木造住宅の主な工法の特徴

工法名	特徴
在来工法	●柱・梁・桁など角材を組んで構成される ●耐力壁で主要構造部を支え、基本的に部材の接合部は金物で補強される ●工期は長いが、設計の自由度が高く、リフォームもしやすい
ツーバイフォー工法	●角材で枠組みをつくり、面材を連結させて壁面で支える ●パネルは工場で組み立ててから現場に搬入され、工期が短い ●窓枠取りやリフォームが制約される
木質プレハブ工法	●工場で製造されたパネルを現場で組み立てる ●施工品質は安定しやすく、工期も短い ●メーカーごとに規格があり、個人の好みを間取りや増改築に反映しづらい
丸太組工法	●丸太を井桁状に組み上げ、柱を用いずに壁をつくる ●屋内では木材の趣を存分に楽しめる ●設計の自由度が低く、耐力の面で規制が厳しい

ディメンションランバー
ツーバイフォー工法用構造材のうち、横にわたして使うもの。断面寸法（インチ）により、2×4、2×6、2×8、2×10、2×12の5種類があり、組み合わせにより壁・床・屋根の各枠材を構成する。

木造住宅は依然として消費者人気が高い

内閣府の「森林と生活に関する世論調査」では、「仮に今後住宅を建てたり買ったりする場合、どんな住宅を選びたいと思うか」と聞いています。

2019年の調査では、「木造住宅（昔から日本にある在来工法のもの）」と答えた人の割合が47・6%と最も多く、「木造住宅（ツーバイフォー工法など在来工法以外のもの）」と答えた人が26・0%、「非木造住宅（鉄筋・鉄骨・コンクリート造りのもの）」と答えた人の割合が23・7%でした。

過去の推移をみても、在来工法がずっと1位に位置しており、日本人の多くは木材をふんだんに使った木造住宅に住みたいという意識が強いようです。なお、在来工法以外の木造住宅を選びたいという割合が増えているのは、ツーバイフォー工法や木質プレハブ工法による工期の短さ・簡便さが、30～40代の子育て世代に受けていることが考えられます。

工法別「どんな住宅に住みたいか」

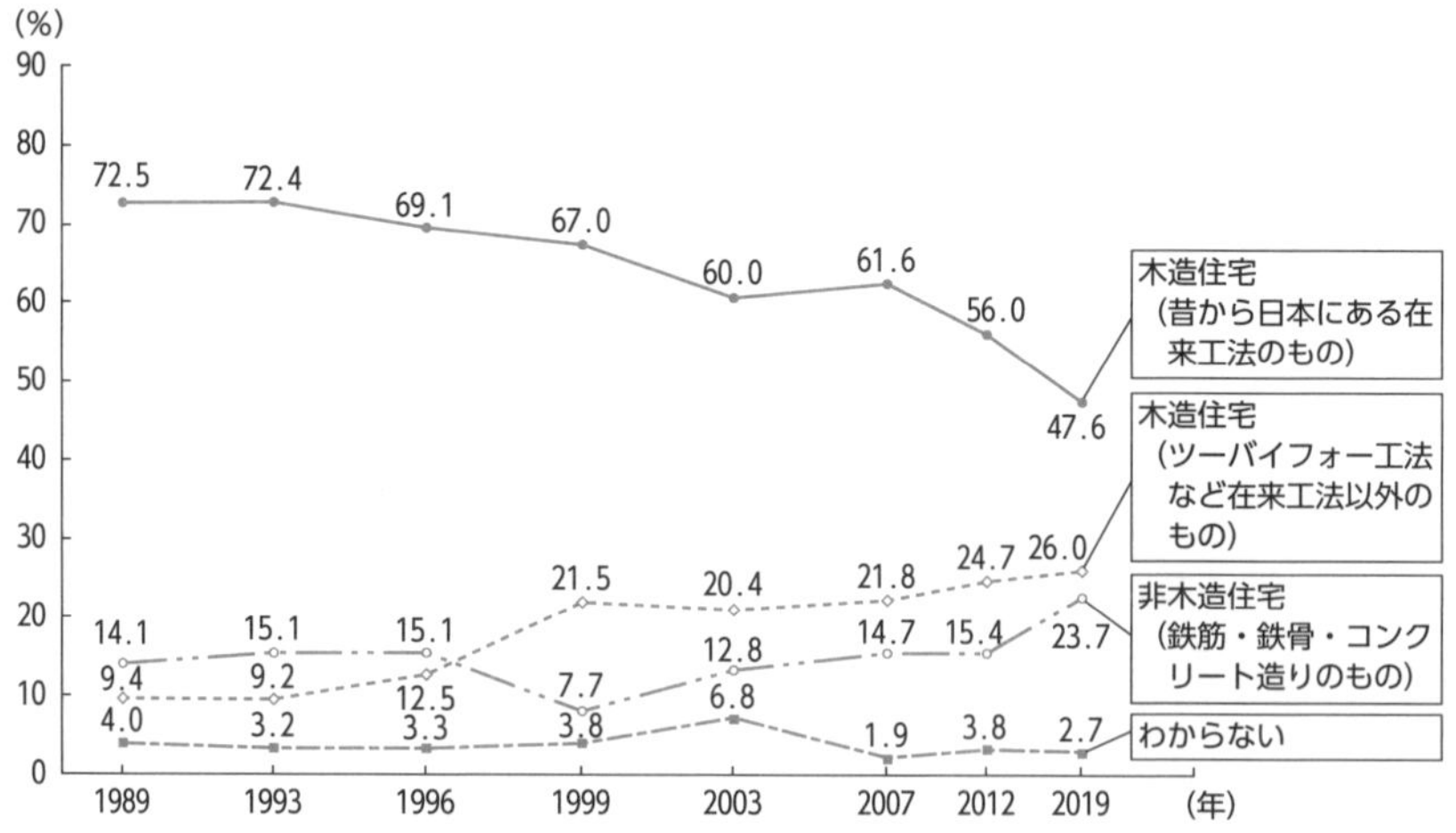

資料：内閣府「森林と生活に関する世論調査」

第5章

日本林業と林政の歩み

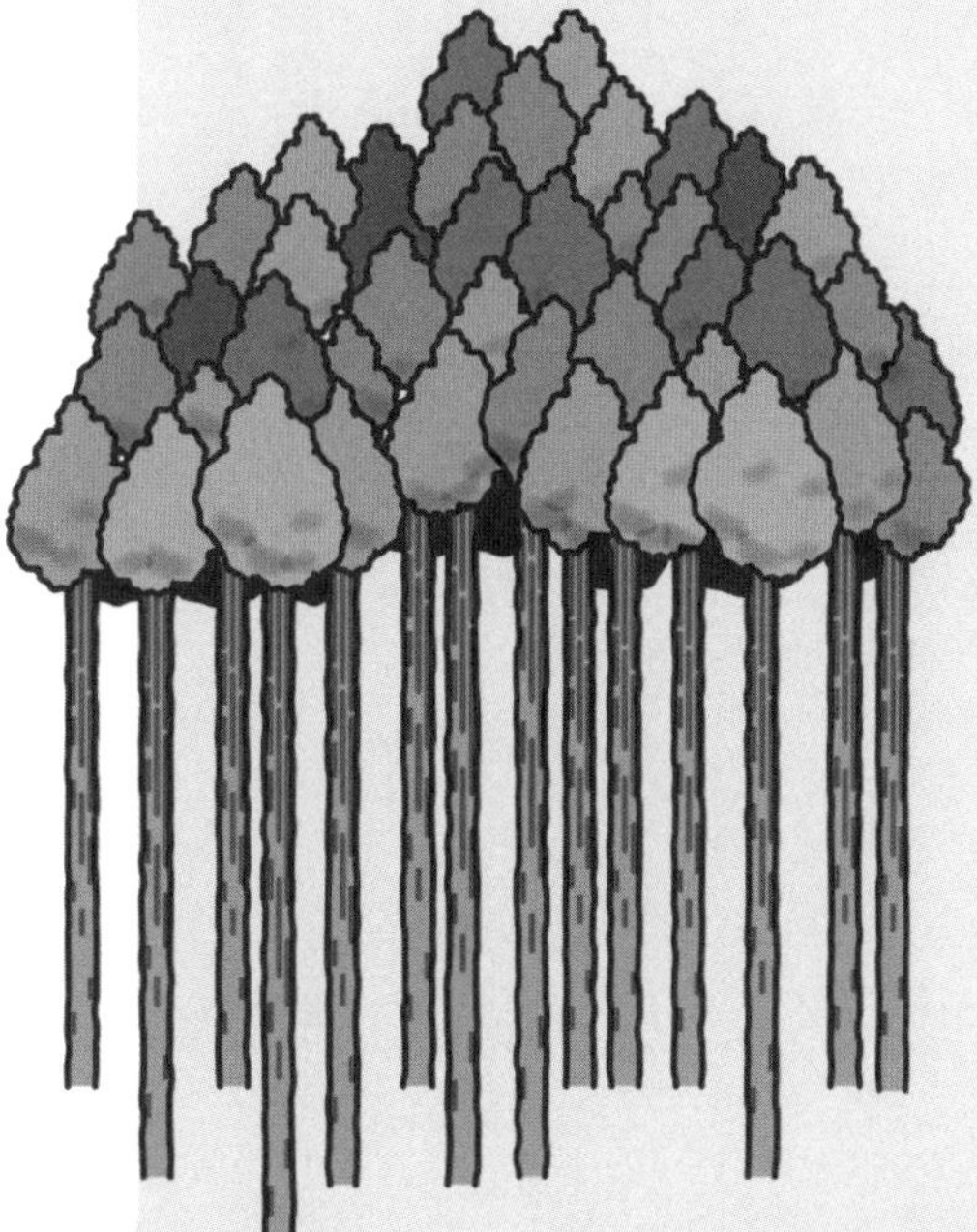

1 古代から近世 〜建築・エネルギー資源として不可欠な森林〜

古代の都城と中世の城郭建設が天然林を大きく消費

7世紀後半、天武天皇は奈良盆地の南にある南淵山と細川山で草木を伐ることを禁じる勅令を発しました。飛鳥川が氾濫する原因は、水源地の山林荒廃だと、すでに認識されていたのです。この時代、近畿地方には多くのはげ山が出現していました。宮殿や寺院を建てるために大量の樹木が伐り出され、燃料の薪、農地の肥料にする**刈敷**《かりしき》も、山林から得ていたためです。藤原京、平城京、難波京、平安京など、中国式の都市計画にならった大規模な都城が次々に造営され、8世紀が終わるころには、近畿圏の大径木はまったく姿を消していたと伝えられています。

16世紀半ばからの約100年間は、全国的な城郭建築ブームでした。城下町も次々に形成され、大量の木材が使われました。この時期には新田開発も進み、**天然林**の消滅が加速しました。

江戸時代の約300年間は、築城ブームがなかった代わりに、江戸だけで80回もの大火が発生しています。そのたびに町の再建に必要な材木が、関東一円ではとても足りず、東海地方や中部山岳地帯の天然林から調達されました。

植林が広まる一方 森林資源が枯渇する地域も

木材を得るための計画的植林として歴史に残る最古の例は、9世紀の平安時代にみられます。常陸国《ひたちのくに》（茨城県）鹿島神宮では、将来の造営に備えてスギ4万本やクリなどを周辺の土地に植え、造営備林としました。14世紀になると、紀州熊野（和歌山県）産スギの種子による苗木の育成が仙台（宮城県）領内で行われ、京都北山ではスギの**台杉**仕立てが、16世紀には奈良の吉野でスギの植林が始まります。

用語

刈敷
主に明治時代以前にみられた自給肥料の一種。山野で刈り取った芝草を田畑に敷き、緑肥《りょくひ》とする作業。またその緑肥そのもの。

天然林
↓52ページ

台杉
効率的に丸太を収穫するために、「取り木」と呼ばれる台をつくり、そこから複数の幹を垂直に伸ばして「立ち木」に仕立てる方法。

江戸時代の森林の多くは、幕府、藩、村、寺社、豪農などの管理下にありました。各藩は、藩有林に対して**留木**《とめぎ》、**留山**《とめやま》などの措置を講じて保護・育成に努めたことが記録に残されています。その代表的な事例が現在にも継承される三大美林（23ページ）です。

森林を守ることが、洪水や干ばつの被害抑制（減災）につながることもよく知られていましたが、森林は治山治水のほか、建築用材の供給源として、そして、エネルギー資源の供給源としても重要な存在でした。薪や炭は、日常生活の煮炊き用にとどまらず、製鉄、製銅、製陶、製塩、さらに製紙、染色、製糖といった産業分野でも大量に消費されました。17世紀中ごろに土佐藩（高知県）で家老職を務めた野中兼山《のなかけんざん》は、特産の薪の伐採量を厳しく制限し、木が成長した山から順に伐採していく「番繰り山制度」で持続的生産を図り、一時期は大坂の薪市場を席巻しました。しかし兼山の失脚後は、乱伐で土佐藩の森林資源は枯渇し、大坂の薪市場も、九州の各藩に支えられることになりました。

歌川広重「東海道五十三次」にみる江戸時代の山

現静岡県静岡市の丸子宿（上）と掛川市の佐夜中山《さよのなかやま》（下）の様子。五十三次に描かれている山は、たいていはげ山か、松林が目立つ。

留木
停止木《ちょうじぼく》とも。樹種を指定して伐採を禁止した有用樹木。尾張藩が定めた木曽五木が代表的。ヒノキ、サワラ、ネズコ（クロベ）、アスナロ（ヒバ）、コウヤマキの5種。

留山
江戸時代に、幕府や藩が山林保護のために地域住民に狩りや伐木を禁じた森林。当該森林の保護・管理を地域住民に命じることもあり、対価として芝草や落枝の採取を認める場合もあった。御留山とも。

2 明治から終戦まで ～殖産興業・戦争利用と保続のめばえ～

ドイツを手本にした明治日本の林政

現在、日本の森林の約3割を占める**国有林**は、明治維新後に設定されました。江戸時代に幕府や藩が管理していた山林は、版籍奉還によって新政府の所有、つまり**官林**（国有林）となりました。また、寺社が所有していた土地を政府が没収する「社寺上地令」に伴い、寺社領だった山林の大半も官林に組込まれました。

明治新政府が森林行政の手本にしたのはドイツです。統一ドイツ帝国の盟主となった旧プロイセンが森林を活用して国力をつけたことに、新政府の若い指導者たちは注目しました。官林と民有林の区分、農商務省山林局の設置、「**森林法**」の制定などが着々と進み、１８７７年には山林局樹木試験場（森林総合研究所の前身）が東京府西ヶ原（現在の東京都北区西ヶ原）に設置されます。

鉄道の枕木という新しい用途が生まれる

林業も、殖産興業の国策に従いました。江戸時代には藩によって保護されていた山林でも、近代化に向けた建設用や、製糸に代表される主要産業のエネルギー源として、伐採が進みます。

そうした中で新たに登場した木材需要が鉄道敷設でした。線路を敷くために森林を伐り開き、駅舎や橋梁、工事用の足場などのほか、枕木にクリやブナといった広葉樹や、ヒバ、ヒノキなどの針葉樹も用いられ、中央本線の一区間（約１６８km）の敷設だけで、約12万２０００本の枕木、体積にして約８０００㎥の木材が使われました。また、北海道開拓時代には、大量のミズナラがアメリカに輸出され、大陸横断鉄道の枕木になったと推定されています。

用語

国有林
所有による森林区分の1つ。国が所有する森林および原野など。日本の場合、国有林野面積は760万haあり、国土の約2割、森林面積の約3割を占める。

官林
国有林の旧称。江戸時代からの各大名支配下の共有山林を国家の所有としたものが主な起源。1897年より国有林に移行。

森林法
→128ページ

皆伐
立木の伐採法の1つ。伐採対象林分にあるすべての伐採対象木を伐採する方法。一度に多くの木材を得ることが可能だが、森林の機能

択伐《たくばつ》・天然更新施業の挫折と戦時下の乱伐

大正時代まで、国有林では**皆伐**《かいばつ》と一斉**造林**が山林経営の基本でした。そこへ、ドイツなどで主流になっていた「恒続林思想（↓155ページ）」に基づく**択伐**や天然更新施業が導入されます。しかし、日本では樹種の選定と択伐に困難が伴い、十分な成果を上げることはできませんでした。大正末期から昭和初期にはアメリカからの輸入材と、樺太（現サハリン）からの移入材が急増して木材価格が急落しました。国内の小規模林業を保護する観点から、1926年に最初の木材関税引き上げが行われました。

39年に改正された森林法では、**私有林**にも施業案（経営計画）の策定を義務づけ、その実行部隊として森林組合が設立されることになりました。戦時体制下では木材も国内自給が前提となり、戦局の悪化とともに、43年度には造艦船用材、翌44年度には飛行機用材の大増産が決定し、国による**民有林**の伐採も始まりました。

戦前・戦中の木材伐採量の推移

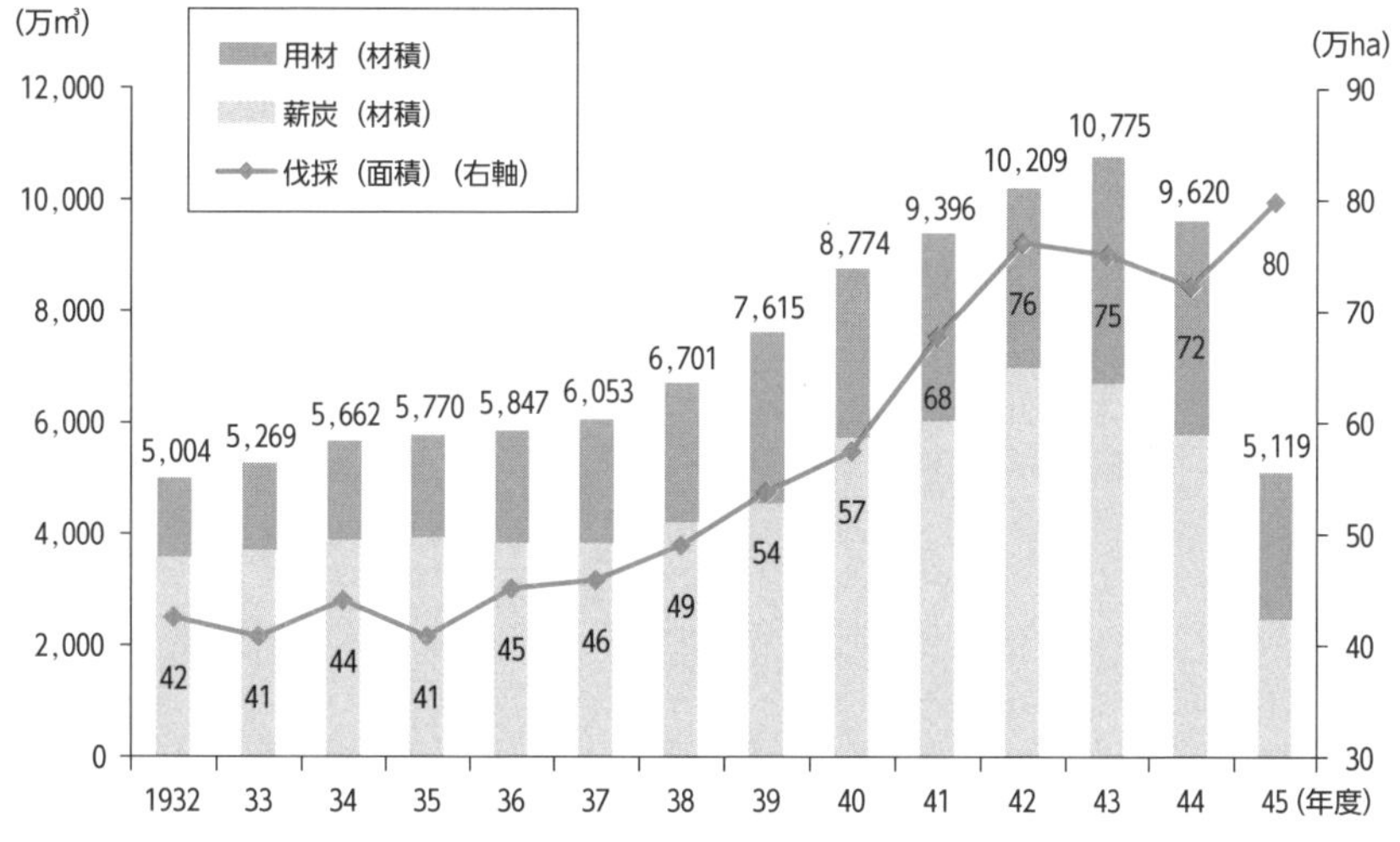

資料：林野庁「林業統計要覧」

は一時的に失われる。

造林
植林をはじめとする、人為的な森林造成作業。林地の更新・保育を包含する概念。苗木の植栽・播種・挿し木などによって林分を造成する「人工造林」と、天然の実生苗木を育成して森林の成立をはかる「天然更新」とに大別。

択伐
伐倒木を選択して実施される林木の伐採方法。林分全体として、元の林型が大きく変わらないよう配慮しながら、持続的な伐採を可能とする。

私有林
↓64ページ

民有林
↓64ページ

3 １９４５～50年代 ～木材需要が逼迫した戦後復興期～

戦後も続いた過伐採と造林への取り組み

第二次世界大戦の終戦直後、戦災からの復興のために大量の建材や燃料が必要となり、また木材を輸入できる国力も失われていたため、国内の森林では、引き続き大量伐採が行われていました。こうした大量伐採に加え、戦後十数年間は台風などによる大規模な山地災害や水害が、毎年のように各地で発生しました。それにより、「国土保全と水源涵養のためにも森林造成が必要だ」という意識が国民一般に浸透し、**造林**が推進されることになります。

伐採後に植林をしていない造林未済地が、**民有林**で約１２０万ha、**国有林**で約30万haまで広がっていたことから、戦後間もなく**造林補助事業**が公共事業に組み入れられ、その後、「**造林臨時措置法**」が制定されました。終戦直後は深刻な食糧難で、造林のための苗畑までが農地に転用され、苗木生産は低調でしたが、１９５０年ごろから国有林での民苗育成事業が積極的に展開されました。60年には苗畑面積が約７２００haに達し、山行苗も生産量が13億本を超えて史上最高を記録しました。

また、造林事業を対象とする長期低利融資制度も整備されました。51年には新たに**森林法**が公布され、国による森林計画制度の創設、民有林の伐採規制強化などが加わります。

このような一連の取り組みによって、56年には造林未済地への造林が、ひとまず完了しました。

協同組合としての森林組合の成立

戦時中に組織された統制型の森林組合は、組合員の支持が得られず、まったく機能しない状況に陥っていました。51年の森林法制定に伴って、加入と脱

用語

造林
→１２７ページ

民有林
→64ページ

国有林
→１２６ページ

造林補助事業
森林を健全な状態に保つため、必要な植栽、下刈りおよび間伐などを行うこと。

造林臨時措置法
１９５０年に制定。造林が必要な地域を指定でき、森林所有者が造林しない場合は第三者に造林を実行させることができた。

森林法
森林の保護・培養と生産力の増進に関する基本的事項を規定する法

退が自由で、自主運営を原則とする協同組合方式の組合に生まれ変わり、施設組合と生産組合の二種の区分をもって森林組合が誕生します。

このうち施設組合は、森林を所有する組合員の出資によって運営され、経営相談、森林施業の受託、資材の共同購入、林産物の販売、資金融資、共済などの事業を行うことになりました。一方の生産組合は、狭い地区の共有地を共同経営するもので、**入会《いりあい》林《りん》**の経営を継承した組織です。

住宅ブームと木材価格の高騰

戦後の混乱から抜け出し、経済が軌道に乗り始めると、住宅建築を始めとする木材需要が急速に拡大しました。木材不足が続いたため、52年から61年までの10年間、一般物価がほぼ安定していたのに対して、木材・木材製品の価格は約2倍に上昇しました。こうして、国内での木材生産拡大と、そのための**天然林**伐採、そして**人工林**（針葉樹林）の増大を求める声が高まりました。

1950～60年代における卸売物価指数の推移

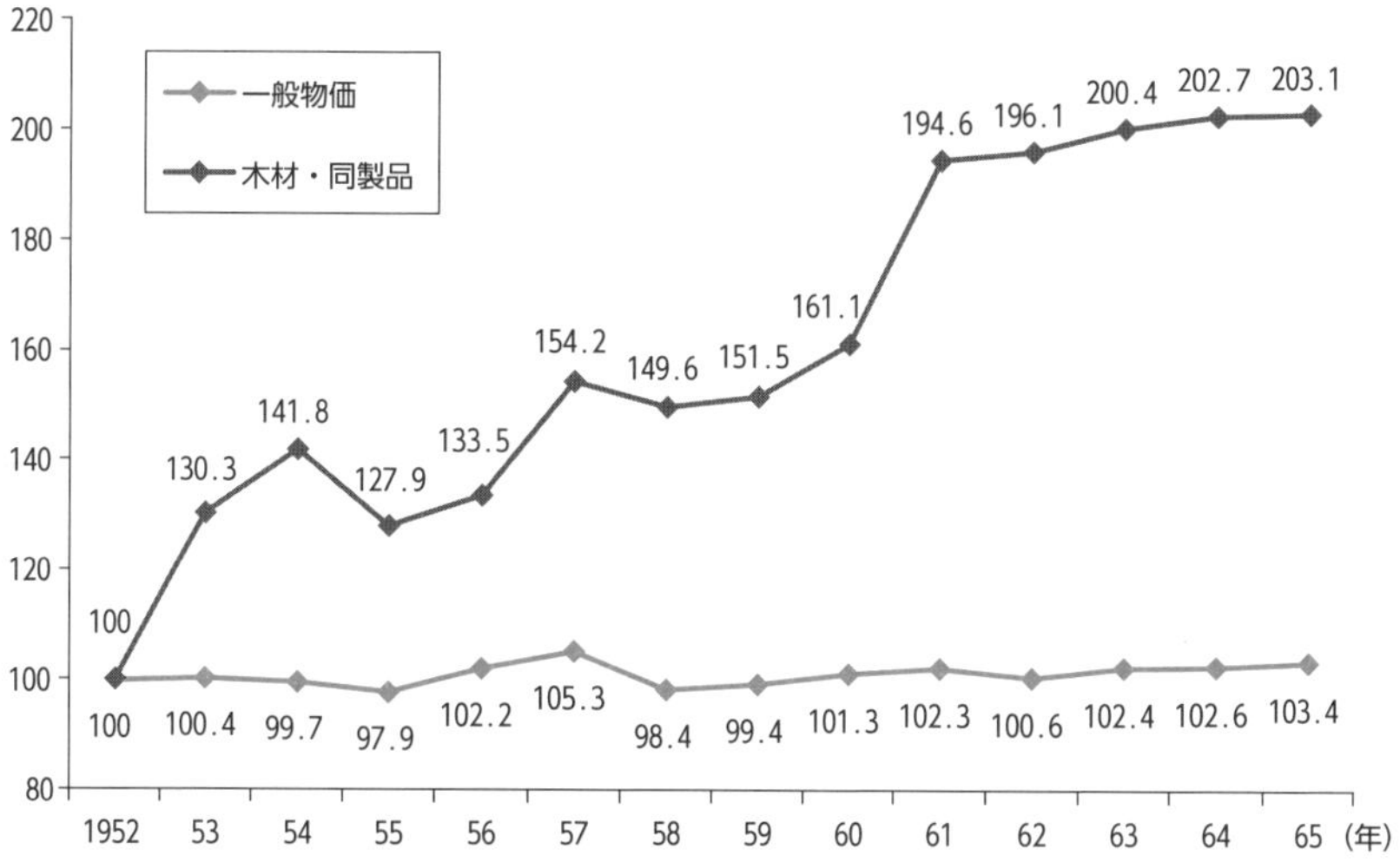

資料：日本銀行調べ「東京卸売物価指数」

律。1897年制定、98年施行。森林行政の基本法で、1951年に旧法を廃して現行法制定。

入会林 特定地域の住民が入会権に基づいて共同で利用し、林産物を採取できる林地。

天然林 →52ページ

人工林 →52ページ

4 1960年代 ～高度経済成長期の木材輸入と拡大造林～

針葉樹の需要増大と緊急増伐

1950年代の半ば以降に起こった住宅建築ブームにより木材需要が増大する一方、燃料が石油やガスに転換し、化学肥料も普及して、薪炭や**刈敷**のために広葉樹の里山林が利用される機会が減少しました。特に建築や梱包に使われるスギ、マツなどの需要が増加する中、戦中からの過伐採で国内針葉樹材の供給量は伸びず、木材価格は上昇を続けました。

木材価格が諸物価を押し上げているとの判断から、61年に政府は「木材価格安定緊急対策」を決定し、外材の輸入に踏み切る一方、残廃材チップの活用、すべての森林における緊急増伐を実施しました。

製紙用のパルプ用材では、主流だったマツ類の原木が調達困難になったため、広葉樹を原料とする設備への転換が急速に進んで、63年には広葉樹の利用が針葉樹を上回り、広葉樹の伐採も本格化しました。

木材輸入自由化と拡大造林

政府は60年の「貿易・為替自由化計画大綱」などに則して、木材輸入の自由化を段階的に進め、丸太、**製材**、合単板の順で輸入木材が増加します。

一方、緊急増伐が実施された伐採跡地では、針葉樹の植栽が全国的に進められました。針葉樹は主に建築用材として需要が見込まれ、また成長が早いため、森林を早期に回復させるのに適しています。広葉樹の需要減少もあり、広葉樹林の伐採跡地に針葉樹が植栽されました。これが**拡大造林**です。

60年代を通じて毎年約40万haに近い規模の**造林**が、伐採跡地を中心にして行われました。またこの時期には、伐採にチェーンソー、搬出にトラックと林道を利用することが、全国に普及しました。

用語

刈敷
→124ページ

製材
→114ページ

拡大造林
需要が急減した樹種を価値の高い樹種に転換する取り組み。主に、広葉樹天然林や原野等を針葉樹中心の人工林へと林種転換を図ること。

造林
→127ページ

林業基本法の制定と林業関連法の改正

64年に公布された「林業基本法」は、国内の旺盛な木材需要に対応できる国産材の供給と、林業総生産の増大を目標に掲げていました。都市と農山村の間で拡大する経済格差の解消、都市部への人口流失を食い止めるための林業振興をめざしたものです。

実際の政策は、木材供給源としての森林拡大による森林生産力の増強、機械化の推進、**林内路網密度**の向上、優良種苗の確保などに力を入れ、林業の生産性を高めて森林整備を前進させ、森林の公益的な機能も発揮させるという考え方でした。

62年の**森林法改正**で、**普通林**の伐採は許可制から事前届出制に緩和され、国と自治体（都道府県）がそれぞれ**森林計画**を立案して森林生産力向上と森林資源保護に取り組む体制が整いました。

66年には「入会林野近代化法」が制定され、森林所有権の明確化と林業近代化がさらに推し進められることになりました。

戦後の人工造林面積の推移

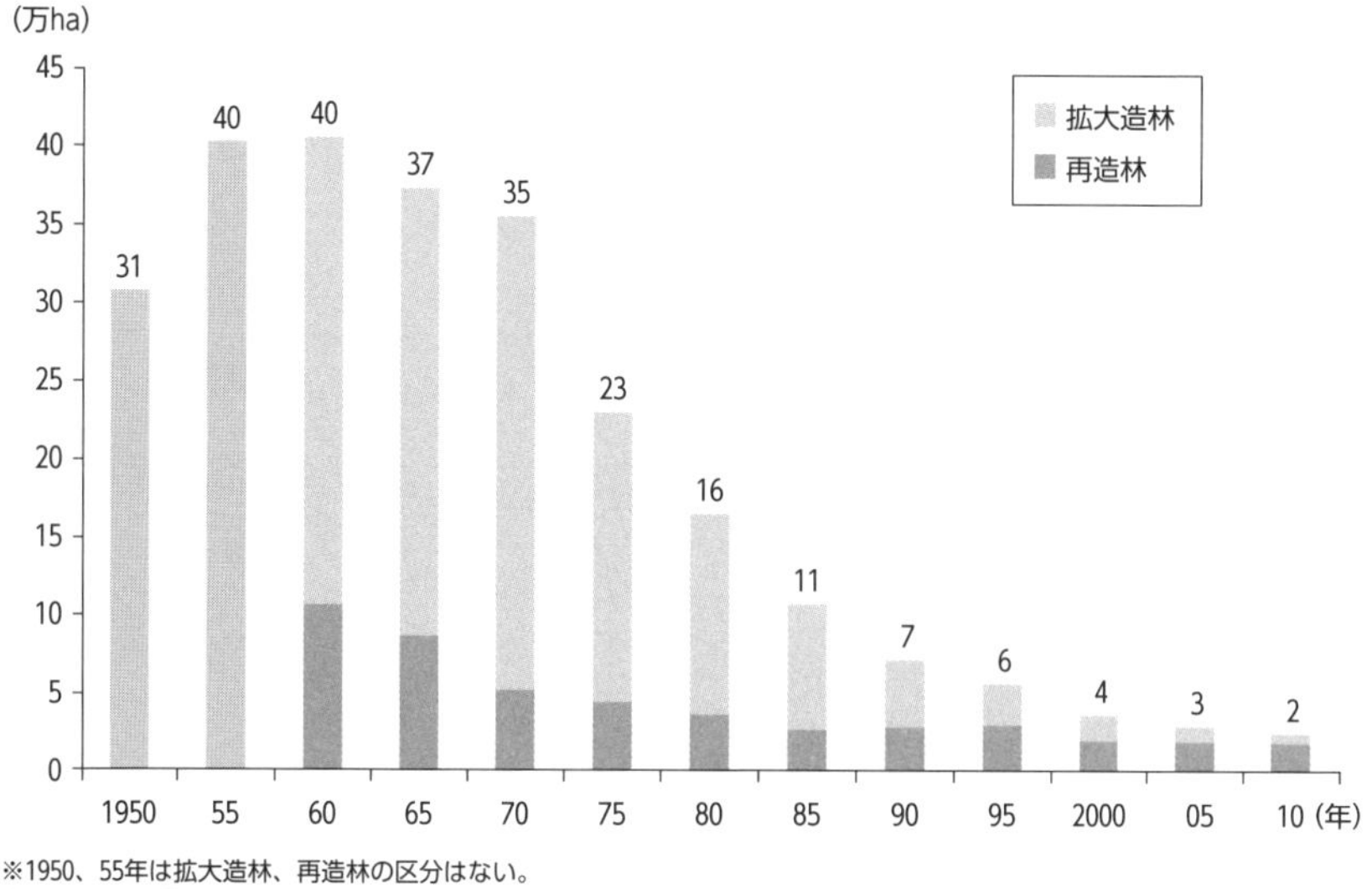

※1950、55年は拡大造林、再造林の区分はない。
資料：林野庁「林業統計要覧」

林内路網密度
「林内路網」とは森林内に敷設された国道・都道府県道・市町村道・農道・林道・作業道等の総称、または、それらを組み合わせたネットワークのことで、森林面積1ha当たりに敷設された路網の密度のこと。総延長距離（m）で示される。

森林法改正
→132ページ

普通林
→132ページ

森林計画
社会が森林に対して求めることを目標として明確化し、それを具体化する手法を総合的に示した計画。無秩序な森林伐採・開発を防ぐことを目的として、国・地域・所有者レベルで一定の方針の下、森林の扱いを定めた長期的な計画の総称。

5 1970～90年代 ～木材需要・木材価格の低迷期～

木材価格の低迷と植林から保育へ

高度経済成長のピークが過ぎた70年代になっても、木材需要は拡大を続けました。しかし、そうした需要は輸入自由化で急増した安価な外材丸太によって満たされ、国産材の供給量は逆に減少していきます。林業活動の低迷は、山村の過疎化と山村人口の高齢化を加速させました。それと同時に、50年代から造林した**人工林**が成長を遂げ、育林作業を必要とする森林が増加しました。

70年代前半には、下刈り、雪起こし、除伐、間伐が、造林事業（公共事業）として実施されるようになります。まず**保安林**が対象になり、次いで**普通林**にも拡大されました。

当時、保安林以外の普通林には利用規制がなく、価格も安かったため、ゴルフ場や別荘の用地としての急速な開発が各地で進みました。そこで74年の**森林法改正**では、大規模な森林開発を対象にした林地開発許可制度が導入されます。

林家の人口減少と人工林の荒廃が進む

１９６０年の林業就業者は約44万人でしたが、85年までに約14万人に減少し、90年代半ばには10万人を割り込みました。この間、65歳以上の就業者が占める割合（高齢化）も徐々に進み、特に90年代の半ば以降は４人に１人が65歳以上という構成になりました（29ページ下表）。

第一次オイルショック後の70年代後半は、木材需要が落ち込み、その後は80年代半ば以降の円高で、輸入木材にいっそうの割安感が出て、製品輸入が急増しました。90年代に入って**バブル景気**が崩壊すると木材需要も減退し、木材価格は長期にわたって低

用語

人工林
↓52ページ

保安林
「森林法」第25条に基づき指定される森林。農林水産大臣または都道府県知事が指定し、それぞれの目的に沿った機能を確保するため、立木《りゅうぼく》の伐採や土地の形質の変更等が規制される。

普通林
保安林などの制限林以外の森林。国有林には適用しない概念。

森林法改正
１８９４年の制定後も、１９０７年に公有林等における施業案制度、39年に50ha以上の森林所有者に施業案編成義務、51年に森林計画制度と伐採許可制度、62

迷を続けます。国内の林業生産はさらに停滞し、人工林では間伐が実施されず、伐採跡地に植林が行われないという事態もみられるようになりました。

森林への国民意識の変化と森林整備の可能性が模索される

70年代以降、野外レクリエーション需要や、自然環境とその保全を求める国民意識の高まりも受けて、自然環境保全法や、地方公共団体による自然保護条例の制定が相次ぎます。

森林に対する国民のニーズが多様化する中、国が策定する「森林資源に関する基本計画」も70年代、80年代に改定を重ね、①伐採年齢の多様化と長期化、②複層林施業および育成天然林施業の推進、③森林の総合的利用の推進という3つに重点が置かれ、人工林の非皆伐施業や複合林施業に関する調査や研究も進みます。

しかしながら日本の森林は、所有者の自発性だけに期待していては必要な整備を進めることも困難なほど、厳しい状況に陥りました。

スギ・ヒノキ・カラマツの素材価格の推移

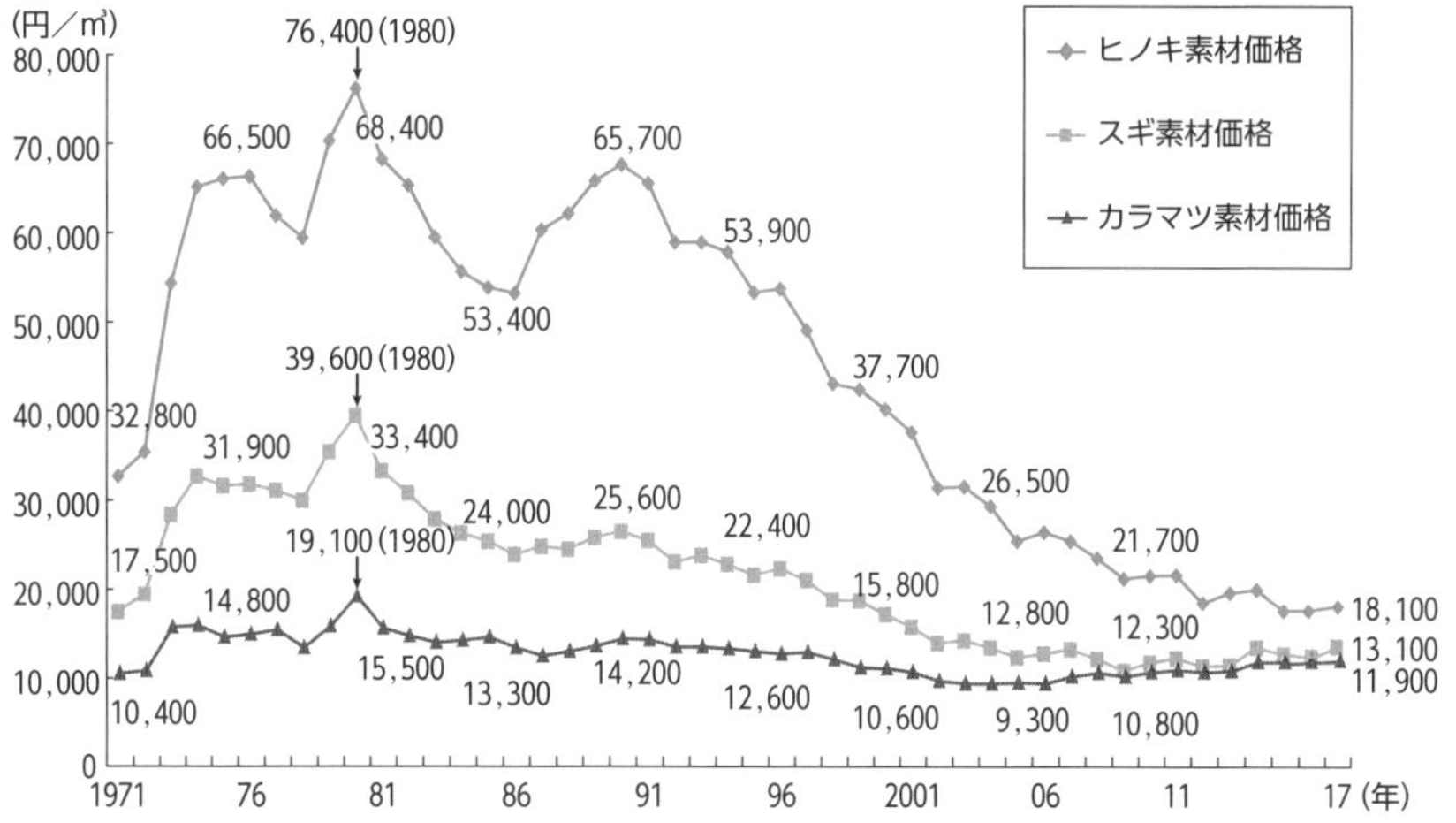

注1：「スギ素材価格」、「ヒノキ素材価格」、「カラマツ素材価格」は、それぞれの中丸太（径14～22cm（カラマツは14～28cm）、長さ3.65～4.00m）の価格。

2：平成25（2013）年の調査対象の見直しにより、平成25（2013）年の「スギ素材価格」のデータは、平成24（2012）年までのデータと必ずしも連続しない。

資料：農林水産省「木材需給報告書」、「木材価格」

年に全国と地域の森林計画、68年に森林施業計画制度、以後も83年、91年、そして98年の市町村森林整備計画制度などが、同法の改正によって取り入れられてきた。

第一次オイルショック 1973年の第四次中東戦争の勃発を受け、石油輸出国機構加盟産油国のうち、ペルシャ湾岸の6か国が決定した原油価格の引き上げに起因し、同年発生。原油の供給不足および価格高騰などと、それに伴う経済混乱により、日本の高度経済成長にブレーキをかけた。

バブル景気 1986年12月から1991年2月までの51か月間にみられた資産価格の上昇と好景気、およびそれに付随して起こった社会現象。平成景気とも。

6 2000年以降 ～多面的機能への期待～

戦後続いた産業育成重視からの転換

これまでみてきたように、日本の森林・林業政策は明治期以降、殖産興業や経済成長に対応して、木材資源の造成と産業育成を進めてきました。特に戦後は、戦後復興や高度経済成長により木材需要が大幅に伸びました。しかし、都市部での経済発展が進むと、集団就職や出稼ぎなど地方から都市部へ人口が流出し、林業生産の担い手をどのように維持していくのかという課題が生まれました。

そこで成立したのが、1964年の「林業基本法」です。中核的な担い手となる専業的な林家を育成し、機械化、路網整備などを推し進め、林業を商工業に負けない産業にしようというのが大きなねらいでした。しかし、その後の木材需要・木材価格の低迷により、産業育成や**拡大造林**よりも、水源涵養や生物多様性保全、地球環境保全、レクリエーションなど、森林のもつ「多面的機能」に国民の期待が集まるようになってきました（177ページ上表）。

多面的機能をうたった新基本法の成立

そこで1998年、国有林野事業の抜本的な改革が行われました。それまでの林業の産業化や、林産物の供給に重点を置いた管理経営から、森林のもつ公益的な多面的機能を維持・増進する方向への転換です。そして2001年に「**森林・林業基本法**」が制定されます。林業基本法を、より大きな森林というくくりの中でとらえ直したものといえます。

新しい基本法では、森林の多面的機能を発揮させるため、森林所有者だけでなく、国、地方公共団体を含めた多様な主体によって、森林整備や優良種苗の確保などを進めていくとしたうえで、全国の森林を「水土保全林」「森林と人の共生林」「資源の循環利用林」に区分け

用語

拡大造林
↓130ページ

森林・林業基本法
森林のもつ多面的機能の発揮、林業の持続的かつ健全な発展を基本理念とする政策を国民的合意の下に進めるため、その実現を図る基本的事項を定めた法律。2001年に林業基本法を改正して成立。

しました。この３つの機能区分は10年後の見直しで廃止され、地域主導で区域設定ができるようになりました。しかし、重視する機能に応じて森林を区分しつつ整備を進めていくという考え方は、現在でも変わっていません。

産業と環境を両立させる林業への転換

森林の整備は、地球温暖化対策の**温室効果ガス**削減を実現するうえでも欠かせないものになっています。林野庁では、２０１３〜２０２０年の目標を達成するためには毎年平均で52万ha、２０２１年〜２０３０年の目標達成のためには45万haの間伐等を実施し、同時に二酸化炭素の吸収量に優れた種苗を確保しなければならないとしています。

全国約１０００万haの**人工林**の半分近くは９齢級（45年生）以下で、下刈りや間伐などの手入れが引き続き必要ですが、過半数は成熟した高齢級（50年生以上）です。木材生産のうえからも、地球温暖化防止の面からも、伐採して跡地に**造林**を行い、森林の若返りを進めていくことが求められています。

「林業基本法」と「森林・林業基本法」の比較

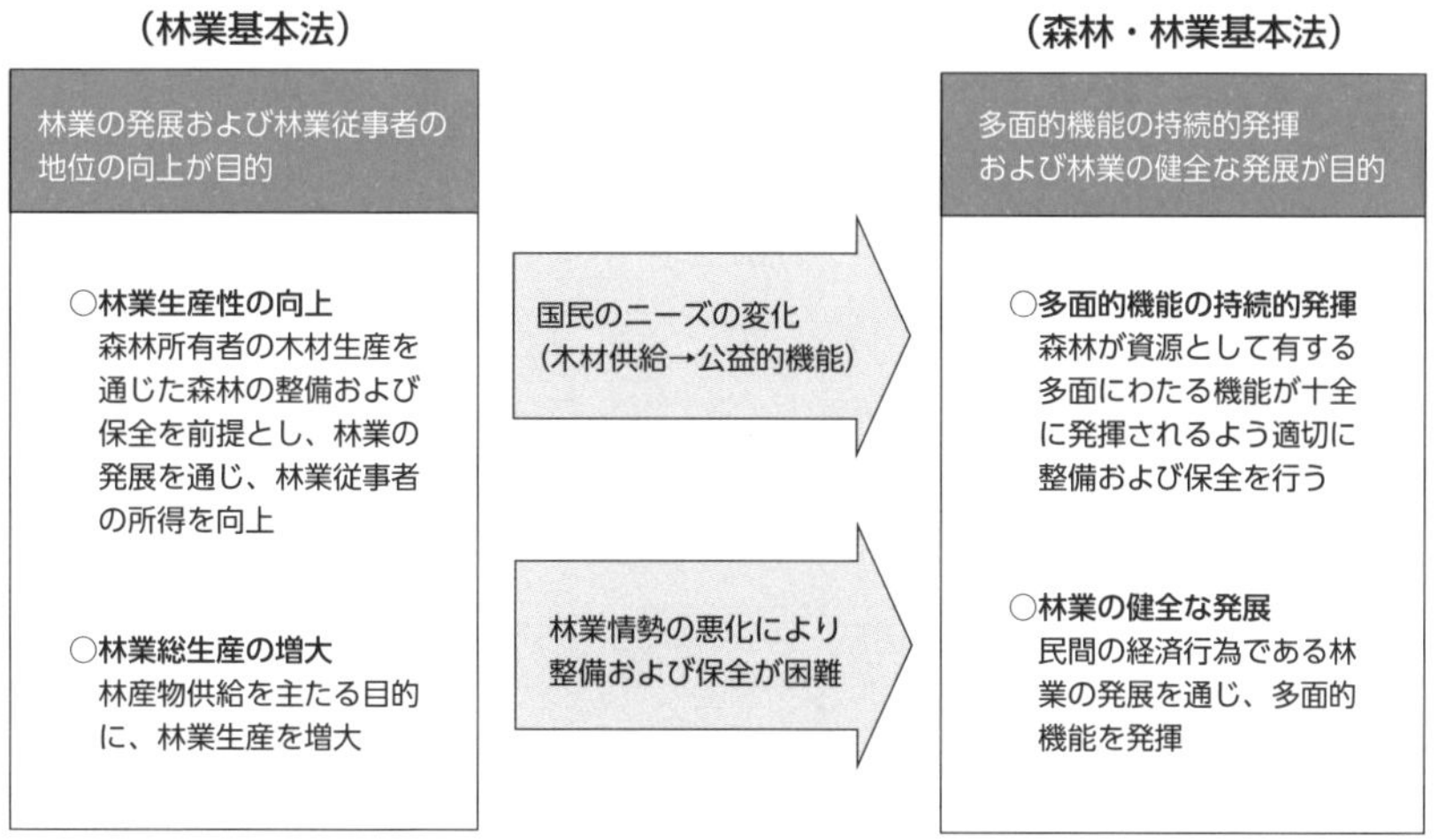
（林業基本法）
林業の発展および林業従事者の地位の向上が目的
○林業生産性の向上
森林所有者の木材生産を通じた森林の整備および保全を前提とし、林業の発展を通じ、林業従事者の所得を向上
○林業総生産の増大
林産物供給を主たる目的に、林業生産を増大
国民のニーズの変化（木材供給→公益的機能）
林業情勢の悪化により整備および保全が困難
（森林・林業基本法）
多面的機能の持続的発揮および林業の健全な発展が目的
○多面的機能の持続的発揮
森林が資源として有する多面にわたる機能が十全に発揮されるよう適切に整備および保全を行う
○林業の健全な発展
民間の経済行為である林業の発展を通じ、多面的機能を発揮

資料：農林水産省『平成26年版 森林・林業白書』

温室効果ガス 大気圏にあって、温室効果をもたらす気体の総称。対流圏オゾン・二酸化炭素・メタン等が該当。地球温暖化の主な原因とされる。温暖化ガスなどとも。

人工林 →52ページ

造林 →127ページ

コラム 3

ウッドショック

木材価格が急激に変動し、市場への安定供給が困難になってしまう状態を「ウッドショック」「ウッドクライシス」等とよび、戦後の日本ではこれまでに2度のウッドショックを経験し、現在は3度目の只中にあります。

資源ナショナリズム（天然資源を保有する開発途上国が資源に対する主権を回復し、自国の利益のためにその生産量や輸出価格等の決定を自律的に行おうとする思想・理念）の台頭や地球規模の環境問題等を背景として、1992年にマレーシアのサラワク州政府が年間伐採量の制限厳守を発表したことによる南洋材丸太価格の暴騰やその時期を第一次ウッドショックと呼んでいます。1993年までに他の外材価格にも波及しました。カナダのSPF（スプルース・パイン・ファー材の混在したもの）製材品の北米市場価格も1992〜1993年にかけて乱高下し、市場の混乱をもたらしました。日本が輸入する木材が南洋材から欧州材に移行する契機となりました。

次にみられたのは、2006年にみられた、世界的に木材需要が著増し、価格上昇が顕著であった現象・時期で、これを第二次ウッドショックと呼びます。第二次ウッドショックは、2005〜2006年の資源インフレ（資源の国際価格が高騰する現象・状態）に連動して発生しました。

そして、2019年末に発生した新型コロナウィルス感染症のパンデミックによる、世界的な木材価格の上昇と供給量の急減とその時期を第三次ウッドショックと呼びます。日本においては、国産材価格は2020年8月より、欧州材・米材価格は2020年12月より上がり始め、特に2021年3月以降の急騰が顕著です。さらに、ロシアのウクライナ侵攻がこの現象に拍車をかけています。

こうした木材価格の上昇は、国内の育林生産者の収益の上昇に結びつくものではなく、林業の活性化にも繋がりません。日本の木材需給は、外材依存度が高いことから、種々の国際情勢の影響をダイレクトに受けてしまいます。こうした影響を回避・軽減するためにも国産材自給率の向上が望まれています。

製材品の輸入平均単価

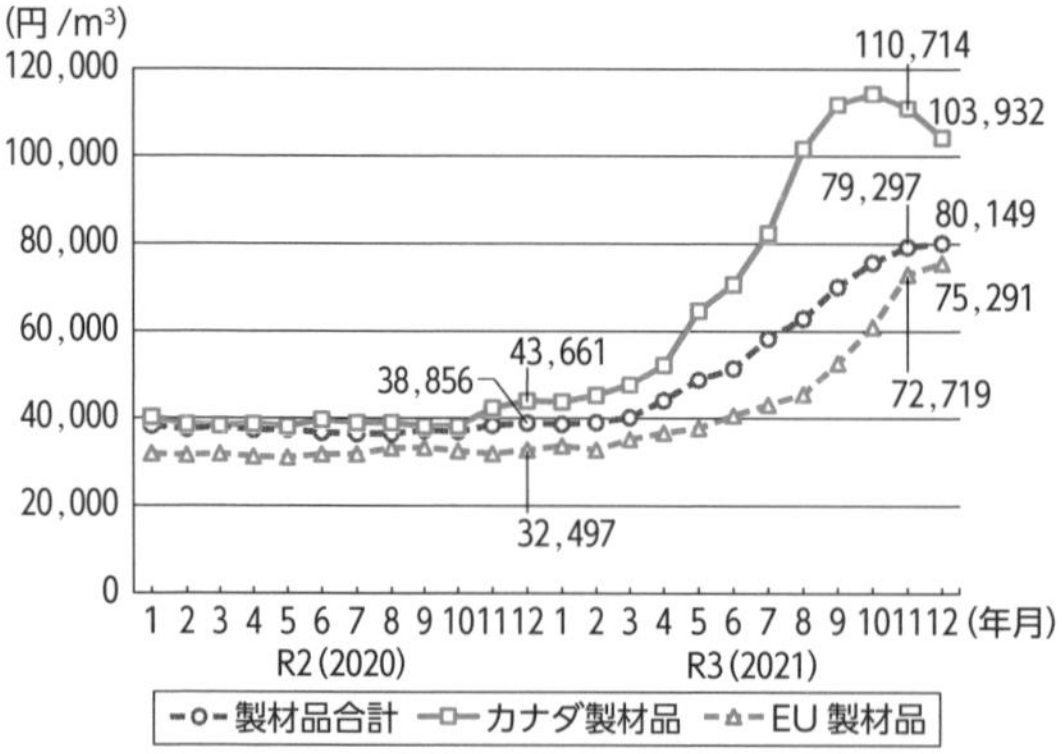

注1：輸入平均単価は、総輸入額を総輸入量で割った値。
　2：令和3（2021）年については、確々報値により算出。
資料：林野庁「令和3年度　森林・林業白書」

第6章

木材だけではない森林からの恵み

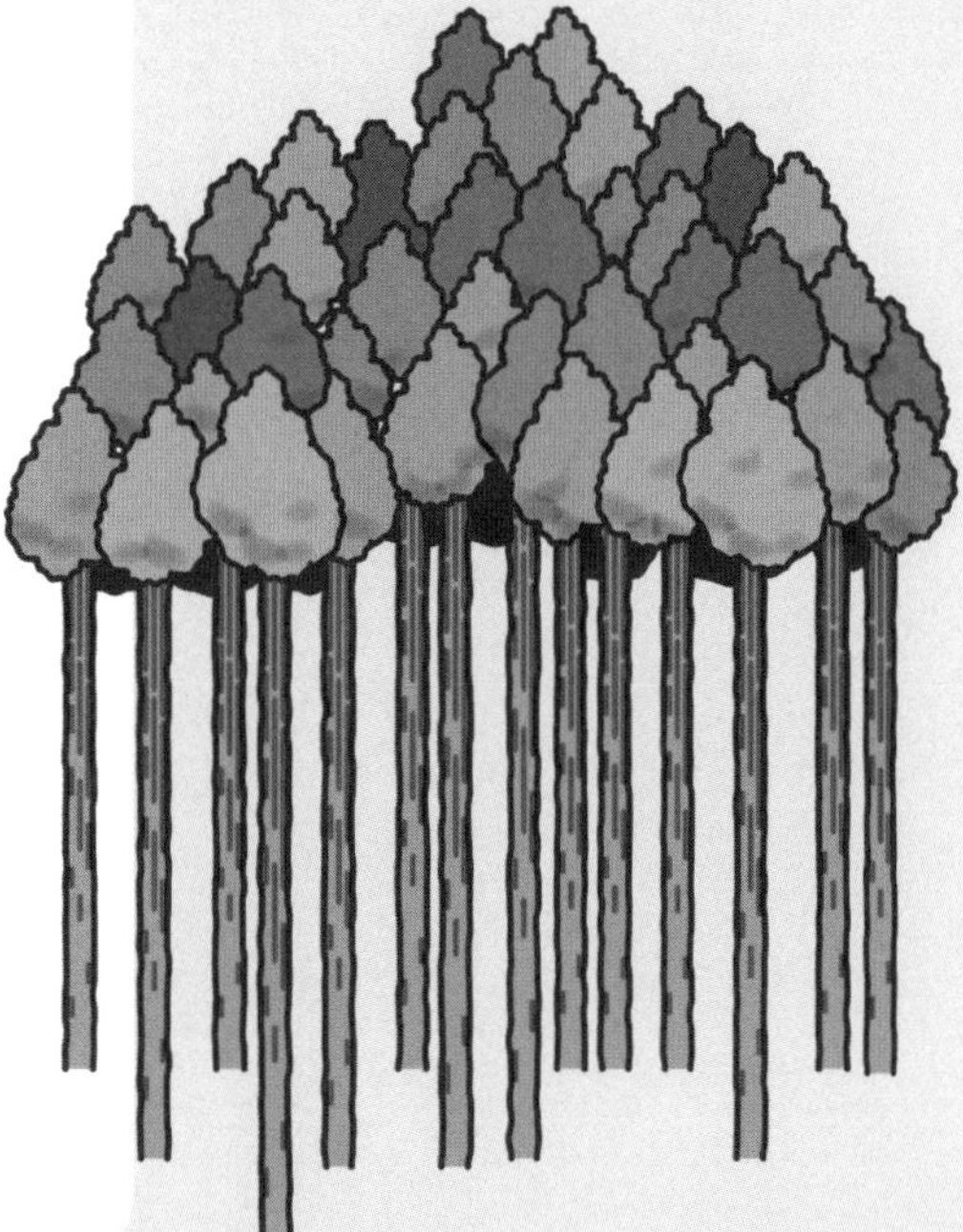

1 NWFP（非木材林産物生産）とは何か？

注目を集める森林からの多様な恵み

私たちは、森林から多様な恵みを受けて生活を送っていますが、木材ばかりではなく、森林からの恵みの多彩さを再確認することの重要性が高まりつつあります。国連でもこうした多彩な恵みを**NWFP**と呼び、重視する動きが1991年から始まっています。しかし、けっして新しい考えではなく、日本では、古くから伝えられてきました。

例えば、シイタケ・エノキタケ・マイタケなどのキノコをはじめ、タケノコ・木の実・山菜・漆・木ろう・竹材・桐材・木炭などがあります。これら木材を除く森林からの生産物を特用林産物と呼んでいます。キノコ類・タケノコ・木の実・山菜などは旬の食材として青果店やスーパーマーケットだけではなく、料亭などでも高値で取り引きされ、日本の食文化の象徴として注目されています。

特用林産物は機能性の高い天然資源としても期待が高まり、抗酸化能や発がん抑制に効果を示す物質の研究も進んでいます。

バーベキューの味を演出する木炭

都会のレストランの店先などに「炭火焼」「備長炭使用」などの看板を目にすることもあるでしょう。木材は、空気の供給を絶って加熱することで炭素、酸素、水素などが化合物となって揮発し、最後に木炭が生成されます。木材の種類や燃焼温度などを変えて製炭すると特徴の異なる木炭が得られるのです。

木炭には、備長炭に代表されるような、ウバメガシを原料として製造される「白炭」、クヌギやナラ材を原料として生産される「黒炭」、おが粉を固めた「成形炭」などがあります。近年では再生可能エ

用語

NWFP
国連食糧農業機関（FAO）が1991年に提唱した概念。森林自体を生産手段として位置づけ、立木の伐採を伴わずに得られる副産物を主産物とする森林経営。非木材生産、非木材林産物生産とも。生産物はNWFPsと記され、FAOでは、沈香、竹、ベリー、ミツバチ、トリュフ、ラタン、野生動物など、20種以上を紹介。

ネルギーの原料として、また、肉や魚、野菜などを調理するための燃料素材として、大いに活用されています。

医療分野での樹木の利用も進んでいる

植物抽出物質やエッセンシャルオイル（精油）は、**草本植物**や**木本植物**から抽出される揮発性の芳香物質を含む有機化合物です。精油は、「油」という字で表現されますが、油脂とは異なる物質です。水に溶けにくく、アルコールや油脂などに溶ける性質を示します。現在、精油は300種類程度の植物から抽出されて私たちの生活の中で活かされています。

手術・医薬品・放射線を用いた西洋医学主流の時代は、植物化学（フィトケミカル）成分を活用した全体的・統合的な療法は敬遠されることもありました。しかし、21世紀に突入して以来、西洋医学と植物療法、食事療法、心理療法などを併用した統合医療も普及し、幅広い医療の現場で疾患の予防と治療のために活用されつつあります。

薬用・医薬用に用いられる主な木本植物

樹種 生薬名（読み）／和名	薬用部位	効能
イチイ	材、樹皮、葉	抗がん作用
キハダ 黄柏（おうばく）	内樹皮	健胃、収斂（しゅうれん）、消炎
サクラ 桜皮（おうひ）	内樹皮	鎮咳（ちんがい）
ニワトコ 接骨木（せっこつぼく）	材、樹皮	腫れ、打ち身、利尿、止血
ニッケイ 桂皮（けいひ）	樹皮	健胃、発汗、解熱、鎮痛
トチュウ 杜仲	樹皮	鎮痛、強壮、降圧作用
タラノキ	樹皮、根	血糖降下
アカマツ	葉、幼枝	血管壁強化
トチノキ	葉、樹皮	抗炎症、殺菌、水虫
ビワ 枇杷	葉、幼枝	腰痛 抗炎症（皮膚）
ネムノキ 合歓（ごうかん）	樹皮、幼枝	鎮痛（関節）、眼精疲労

樹種 生薬名（読み）／和名	薬用部位	効能
クワ 桑白皮（そうはくひ）	根皮	利尿、鎮咳、去痰
ホウノキ 厚朴（こうぼく）	樹皮	鎮痛、鎮静、健胃
メグスリノキ 目薬木	樹皮、小枝	眼精疲労
アケビ 木通（もくつう）	材、 つる性の茎	消炎性利尿、鎮痛、排膿
カシワ	樹皮、葉	下痢
オニグルミ	樹皮	凍傷、湿疹などの皮膚疾患
クス 樟脳（しょうのう）	材、葉	抗菌、抗炎症、鎮痛
シャクヤク 芍薬	根	鎮痛、抗炎症、筋肉弛緩
カンゾウ 甘草	根、根茎	抗炎症、鎮咳
クマヤナギ 熊柳	つる性の茎	利尿、健胃
イチョウ 銀杏	葉	降圧作用

草本植物 ↓54ページ
木本植物 ↓54ページ

2 キノコ生産の状況と多彩な利用法

特用林産物の約9割を占めるキノコ

2020年における日本のキノコの生産額は、特用林産物全体の8割以上を占める2490億円です。生産額の内訳は、生シイタケが最も多く、次いでブナシメジ、マイタケの順となっています。

品目別の生産量をみると、最も多いのがエノキタケ、次いでブナシメジ、生シイタケ、マイタケ、エリンギ、乾シイタケの順です。キノコの生産量は、長期的には増加傾向にありましたが、2010年以降はほぼ横這いで推移しています。

キノコの栽培は、原木栽培、菌床栽培、堆肥栽培、林地栽培に大別されます。

原木栽培は、一般に長さ90～120㎝の原木に種菌を接種、培養し、発生した子実体を収穫する「普通原木栽培」を指します。キノコの菌種に適した樹木を選定し、自然条件下で栽培する方法です。菌床栽培は、おが粉に米ぬかやふすまなどの栄養源を加えた後に、含水率を調整した培地を袋やビンに詰めて殺菌し、種菌を接種・培養します。施設栽培のため、周年栽培が可能となり、多くのキノコがこの方法で栽培されています。堆肥栽培は、稲わらや麦わらを主材料とした堆肥をつくり、種菌を接種、培養して栽培します。林地栽培は、林内の自然条件下でキノコを栽培する方法です(※1)。

キノコは栄養豊富な低エネルギー食品

生のキノコは、約90%を水分が占めており、残りはおよそ炭水化物5%、タンパク質3%、脂質0・3%となっています。炭水化物のうちの約7割は、人の小腸内で消化・吸収されにくく、消化管を介して健康維持に役立つ生理作用のある食物繊維です。

用語

※1　菌根菌（→48ページ）であるマツタケは、生きた樹木などの植物の根に寄生（共生）するため、原木栽培や菌床栽培ができず、天然物が流通している。

※2　過去10年間にわたり、キノコの摂取量はほぼ横ばいに推移。キノコの摂取量を性別年齢階級別にみると、男性は30歳代、女性は20歳代が少なく、男女ともに40～60歳代にかけて、年齢とともに増加する傾向にある。

※3　キノコの機能性は食用以外に、免疫賦活剤（免疫機能を活性化させ、低下している防御力を増強させる薬物）の原料

ビタミンやミネラルも豊富で、ビタミンB_1やビタミンB_2、ナイアシンなどのビタミンB群とビタミンDの前駆体であるエルゴステロール、ミネラルではカリウムを多く含むという特徴があります。

２０１９年に実施された国民健康・栄養調査の結果では、20歳以上の日本人が１日に食べるキノコの量は17・7gとなっています。これは生のシイタケに換算した場合、約１個程度の量になります(※2)。

近年、キノコの機能性への期待も高まっており、コレステロールの低下作用や血圧降下作用、血糖の上昇を抑える働きなどが見出されているキノコがいくつかあります(※3)。ブナハリタケのエキスを配合した清涼飲料水は、**特定保健用食品**として「血圧が高めの方に適する」といった表示が認められています。

なお、２０１５年４月に施行された機能性表示食品制度において、エノキタケ抽出物を配合した商品が受理されています。キノコを原料とした素材を配合した初めての機能性表示食品となっています。

キノコ類生産量の推移（1985年以降）

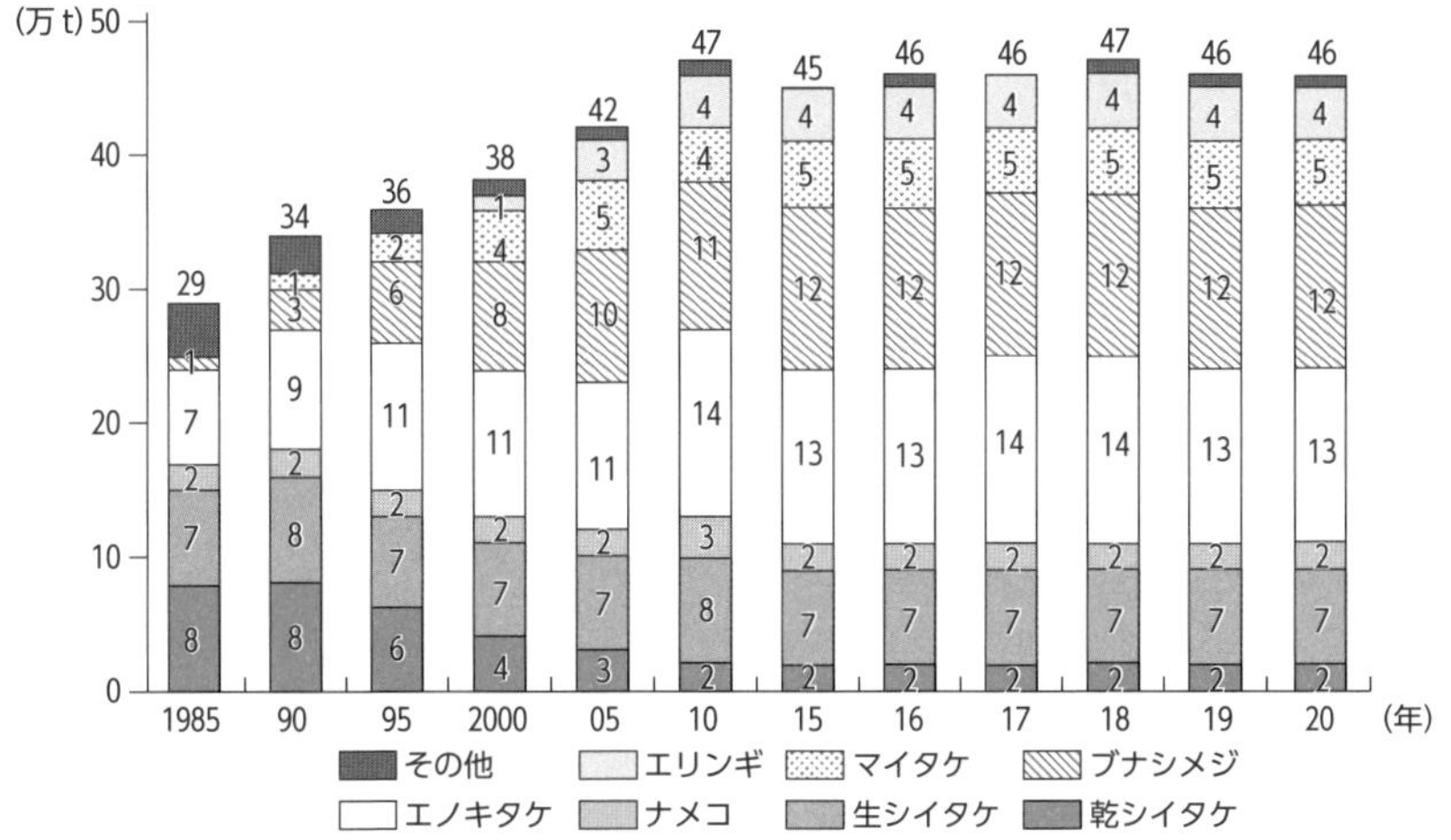

注：乾シイタケは生重量換算値。
資料：林野庁「特用林産基礎資料」

としてなど、医薬品にも利用されている。

特定保健用食品
特別用途食品のうち、身体の生理学的機能等に影響を与える保健機能成分を含み、特定の保健の目的が期待できることの表示を許可された食品。「特保」と略称。

3 森林性動物と人間社会との関係

森林性動物の固有種が多い日本

日本では、多くの種類の野生動物が森林に生息しています（森林性動物）。ほかの動物群に比べて大きな行動圏を必要とし、環境の変化に敏感な哺乳類についてみてみると、**在来種**だけで23科、110種が知られています。しかも、このうちの44種は日本だけに分布する**固有種**です。

日本の狭い国土を考えれば、近隣のアジア諸国の中でも突出した多様性を誇っているといえます。そして、そのほとんどが、大なり小なり森林に依存した生活を送っています。

ツキノワグマの行動範囲の広さが人間生活に危険を及ぼすように

まず、日本に生息する多くの野生生物のうち、**アンブレラ種**とも呼ばれるツキノワグマについて紹介しましょう。

ツキノワグマは、約2000万年前に地球上に出現したクマ類の祖先の特徴であった樹上生活と、植物に偏った雑食性という森林に依存した性質が色濃く残っている種です。また、冬の食物の欠乏期を、冬眠によって乗りきることでも知られます。特に、メスは冬眠中にごく小さな子どもを出産しますが、その繁殖の成功のためにも、冬眠前に大量の食物を摂取して、脂肪をたっぷりと蓄えなくてはなりません。ツキノワグマは脂質や炭水化物に富んだブナ科の**堅果**《けんか》を9月ごろから大量に食します。

しかし、ブナ科の堅果は、結実の豊凶が年ごとに違います。そのため、堅果の凶作年には、ツキノワグマは行動圏を大きく拡大させます。ふだんは保守的なメスでさえも、食物を求めて数十kmの移動を行います。こうしたクマの長距離移動は人との接触の

用語

在来種
その土地に従来より生育する固有の生物種。外来生物・帰化生物の対義語として用いられる。

固有種
特定国、あるいは特定地域にのみ生息・生育・繁殖が認められる生物種。大陸などから隔絶された島嶼《とうしょ》などに多くみられる。こうした地域では、地域個体群の絶滅が、種そのものの絶滅につながる可能性があることから保護対象として重要。特産種とも。

機会を増大させ、各地で人とクマとの軋轢を生じさせています。

特に2000年代以降では、人の生活空間へのクマの出没が常態化しています。これまでに一万頭以上のクマが捕殺される一方、100人を超える人々が負傷しており、大きな社会問題となっています。

その背景を注意深く探ってみると、大量出没の発生と時を同じくして、ツキノワグマの分布域の急激な拡大が浮かび上がってきました。これまでに、1978年、2003年、そして2013年に全国規模での分布調査が実施されていますが、年代を追うごとに、四国地域を除いて分布の最前線が拡大しています。さらに、津軽半島、阿武隈山地、箱根山地など、これまでツキノワグマの分布が途絶えていた地域にも出現が確認されています。

農山村社会の衰退が野生動物との接触を生んでいる

近世以来続いた焼畑や鉱山開発などによる森林の過度な利用や、戦後の**拡大造林**期が終焉を迎え、柴山・草山・はげ山などと呼ばれていた場所が、再び森林に戻ってきています。そうした場所では、集落の過疎化や高齢化が深刻な問題となっており、奥山から降りてくる野生動物を追い返すための活力も失われています。

つまり、ここ数十年の範囲で考えると、森林利用の変化と農山村社会の衰退が大きな要因となって、ツキノワグマなどの森林性動物の生息環境を増やしている可能性が示されています。

政府の統計によると、少子化がさらに加速して、日本の将来推定人口は現在の約1億2500万人から、2060年には9000万人を下回るという予測もあります。国土全体に、人がまんべんなく暮らすという状況がだんだん難しくなっていきます。こうした状況を踏まえながら、この先、里山を含めた森林全体をどのように管理していくかを考えることは、森林動物とのつきあい方を考えることにもつながるのです。

アンブレラ種
個体群維持のために、一定の条件を満たす広い生息地を必要とする種。その地域における生態系ピラミッド構造や食物連鎖の最高位に位置する消費者。

堅果
カシ属やブナ属などブナ科にみられる果実。複数の心皮から果実が構成され、1種子を含み、果皮は木化。ドングリと通称されるものなどが例。

拡大造林
→130ページ

4

増加傾向にある野生鳥獣による被害

野生鳥獣と人間の生産活動や生活との軋轢《あつれき》は年々増加する傾向にあります。これには、都市部でのカラス類やムクドリなどによる衛生被害も含まれますが、ここでは森林性動物に限って紹介しましょう。

特に深刻なシカとイノシシによる被害

森林性動物による被害の代表的なものとして、草食獣であるシカによる造林木への被害が挙げられます。稚樹の頂芽を摂食したり、オスジカの**角研ぎ**や摂食などによる樹皮の被害などがその代表例です。樹皮摂食は主に食物の不足する冬期に、角研ぎはオスの袋角《ふくろづの》が堅角《かたづの》に移行する夏～初秋に発生します。

また、シカの食害は森林生態系にも大きな影響を与えます。シカが摂食可能な高さの下層植生が消失して、シカの不嗜好性植物だけが残る林になってしまうのです。すると、山崩れの危険性が高まりますし、**生物多様性**が失われてしまいます（※）。

イノシシも全国的に分布域と生息密度を高めており、特に里山部での農業被害が深刻化しています。これまで生息が確認されていなかった、北陸や東北の積雪地帯への出没が報告されるようになってきました。遊泳能力も高く、瀬戸内海の小島などにも分布域を広げています。1回当たりの産子数も多く、その被害は増加する一方です。

サルについても、里山部での農業被害、さらには人慣れしたサルによる生活被害も報告されています。観光資源としてサルの群れに餌づけをした地域では、その被害に悩まされています。

ツキノワグマやヒグマでは、果樹園、デントコーン畑、養蜂などへの被害に加え、人身への被害も深刻です。加えて、スギ、ヒノキ、カラマツなどの造林木に対する**クマ剥ぎ**被害も深刻です。主に樹木の

用語

角研ぎ
シカやカモシカなどが行う樹木に角を擦りつける行動。植林地内では、樹皮が損傷するため獣害の1つとなる。

生物多様性
生態系・生物群系、または地球全体に多様な生物が存在すること。あらゆる生物種とそれによって成り立つ生態系（種多様性）、さらに生物が子孫へと伝える遺伝子のそれぞれにおける多様性とを合わせた概念。

※林野庁の2021年度統計では、森林被害面積はシカによるものが約3489haと圧倒的で、被害全体の71％余りを占める。ノネズミ、ツキノワグマによる被害

伸長・成長の活発な初夏に発生しますが、クマの側にとっては1年を通じて食物が乏しい時期でもあります。以前は西日本や中部地方で被害が深刻でしたが、最近は東日本でも増えています。

被害に対処するために法制度を改正

このような状況を受けて、環境省は、2013年に「根本的な鳥獣捕獲強化対策」を示し、23年度までにシカとイノシシの個体数を半減させることを目標に掲げています。

14年には「**鳥獣の保護及び管理並びに狩猟の適正化に関する法律**」の一部改正を行い、野生鳥獣の保護と管理の位置づけを明確化するとともに、夜間銃猟の許可や認定鳥獣捕獲等事業制度の導入を行い、特にシカやイノシシに対しての一層の管理の方向性を先鋭化させました。

今後求められるのは、地域集団の将来的な健全な存続を担保した上での、適切なモニタリングを伴った個体数と分布域の順応的な管理といえます。

野生鳥獣による農作物被害金額の推移

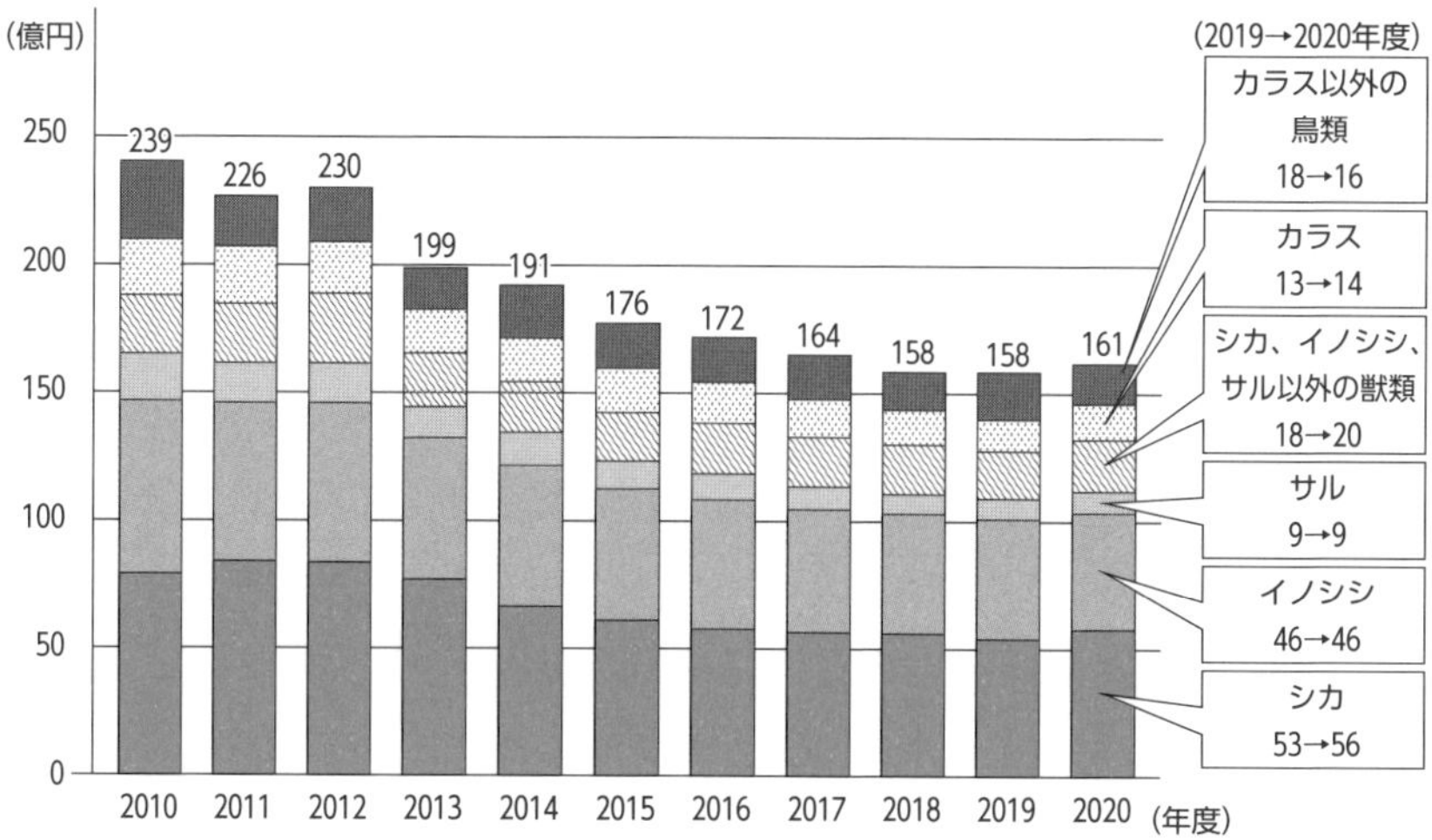

注：都道府県からの報告による。
資料：農林水産省 HP

がこれに続く。

クマ剥ぎ クマによる立木の樹皮を剥がす行為によって発生する被害。

鳥獣の保護及び管理並びに狩猟の適正化に関する法律 2002年公布の「鳥獣の保護及び狩猟の適正化に関する法律」を14年に題名改正し、成立した法律。野生鳥獣による農林産物被害の著増への対応が目的。従来の保護に加え、頭数管理等を具体的内容とする管理を明示。「鳥獣保護管理法」と略称。

5 狩猟免許制度のしくみと現状

刀狩令以降、厳格化されてきた銃の所持

日本では野生鳥獣の狩猟による捕獲が法律により認められており、一定の資格を満たせば狩猟を行うことができます。

ただし、そのためには「**鳥獣の保護及び管理並びに狩猟の適正化に関する法律**」に従って各種免許や許可を得る必要があり、さらに銃を用いた狩猟を行う際には、「**銃砲刀剣類所持等取締法**」や「**火薬類取締法**」にも従わなくてはなりません。

特に銃の所持については、鳥獣被害防止のための有用性を歴代の為政者が認めてはきたものの、古くは1588年の豊臣秀吉による刀狩令以降、原則として禁止されてきたという歴史的経緯があります。

そのため、所持については厳しい審査や制限がかけられています。

都道府県ごとに行う狩猟者登録

現在の法定猟法は、「網猟」「わな猟」「第一種銃猟（装薬銃＋空気銃）」、「第二種銃猟（空気銃）」の4種に分けられ、それぞれについて別個の免許取得が必要です。免許取得の条件は、網猟およびわな猟については18歳以上、銃猟については20歳以上で、精神障害、麻薬などの中毒がないことなどが条件になります。都道府県の実施する試験に合格すると免状が交付され、3年ごとの更新が必要です。

さらに銃猟を続ける場合は、居住地の都道府県公安委員会が実施する、銃所持のための試験に合格して銃所持許可を得る必要があります。この審査は狩猟免許取得よりも格段に厳しく、また時間がかかります。そして、銃の所持許可も3年ごとの審査と更新が必要です（※）。

用語

鳥獣の保護及び管理並びに狩猟の適正化に関する法律
→145ページ

銃砲刀剣類所持等取締法
銃砲刀剣類の所持を原則として禁止し、これらを使用した凶悪犯罪の未然防止を目的とする法律。1958年公布。制定当初の題名は「銃砲刀剣類等所持取締法」。65年の改正より現行名称。銃砲・刀剣類の所持許可を与える者を限定し、許可を得た者に対しても銃砲・刀剣類の取り扱いについて厳しく規定。「銃刀法」と略称。

火薬類取締法
火薬類の製造・販売・貯蔵・運搬・消費その他の取扱を規制し、火

続いて、狩猟を行おうとする都道府県で狩猟者登録を行います。これは年度ごとに行う登録で、狩猟税などを納めることにより、狩猟者登録証とバッジが交付されます。ここまでの準備がすべて整ってはじめて、猟野（狩猟を行う場所）に立つことができます。

もっとも、初心者が突然に銃猟を単独で始めることは、安全面からおすすめできません。地元の猟のグループに入れてもらうのがよいでしょう。全国的な組織としては、**大日本猟友会**などがあります。猟野に出るときには、視認性のよいオレンジ色のベスト、ジャケット、帽子などの着用も必須です。

狩猟者の登録数は、1970年の約53万人をピークとして、1990年には約29万人、2010年には約19万人と急激に減少しています。さらにその約半数が60歳代以上と高齢化しています。しかしながら、2013年以降は微増に転じ、とくに2017年からは18～20歳の若者や女性の登録者も僅かながら増加するという明るい傾向も示しています。

狩猟制度の概要

狩猟免許の種類	使用できる猟具
網猟免許	網（むそう網、はり網、つき網、なげ網）
わな猟免許	わな（くくりわな、はこわな、はこおとし、囲いわな） ※囲いわなは農業者や林業者が事業への被害を防止する目的で設置するものを除く
第一種銃猟免許	装薬銃＋空気銃
第二種銃猟免許	空気銃（※コルクを発射するものを除く）
	捕獲できる鳥獣
鳥類（28種類）	カワウ、ゴイサギ、マガモ、カルガモ、コガモ、ヨシガモ、ヒドリガモ、オナガガモ、ハシビロガモ、ホシハジロ、キンクロハジロ、スズガモ、クロガモ、エゾライチョウ、ヤマドリ（コシジロヤマドリを除く）、キジ、コジュケイ、バン、ヤマシギ、タシギ、キジバト、ヒヨドリ、ニュウナイスズメ、スズメ、ムクドリ、ミヤマガラス、ハシボソガラス、ハシブトガラス
獣類（20種類）	タヌキ、キツネ、ノイヌ、ノネコ、テン（ツシマテンを除く）、イタチ（雄）、チョウセンイタチ（雄）、ミンク、アナグマ、アライグマ、ヒグマ、ツキノワグマ、ハクビシン、イノシシ、ニホンジカ、タイワンリス、シマリス、ヌートリア、ユキウサギ、ノウサギ
	狩猟期間
北海道以外の区域	毎年11月15日～翌年2月15日（猟区内　毎年10月15日～翌年3月15日）
北海道	毎年10月1日～翌年1月31日（猟区内　毎年9月15日～翌年2月末日）

資料：環境省HPより作成

薬類による災害・事故・犯罪を防止し、公共の安全を確保することを目的とする法律。1950年公布、同年施行。「火取法」と略称。

※銃の所持においては、銃や弾を保管するための適正なロッカーの備えつけや、弾の購入・消費に関して厳重な記録義務がある。初心者が所持できる猟用の装薬銃（火薬銃）は散弾銃のみで、ライフル銃の所持については、装薬銃を10年以上継続して所持した実績と、さらに狩猟の経験が問われる。

大日本猟友会 日本国内における狩猟者のための共済事業を行う団体。野生鳥獣保護増殖事業、有害鳥獣捕獲事業、狩猟事故・違反防止対策事業、狩猟共済事業を実施。1929年創設。

6 森林のもつ癒し効果

人々の信仰と深く関わる森林の癒し

癒し（ヒーリング）という言葉をよく耳にするようになりました。音楽では「ヒーリング・ミュージック」の分野がありますし、「あの人は癒し系だな」などと、日常会話で使う人も多いのではないでしょうか。森林や樹木もまた、癒しの象徴として扱われることが多くあります。

写真①は、都内のある工事現場での光景で、ケヤキの渓流林の写真が使われています。森林、樹木の風景写真が、工事現場という無機的・人工的なスペースを飾り、多少なりとも道行く人々がほっと心を和ますように工夫しているのでしょう。

森林や樹木の人に対する癒し効果については、欧米では、「神―自然・森林―人間」というつながりで一連のものとして、神話の中にも位置づけられています。人間は、創造主によって形成され、またその人間のために神が自然の恵みを施した。したがって、その自然の中で人は自分自身を見つめ直し、自らの存在や行いのバランスをとらなければならない、という考え方に基づくものです。

日本においては、在地のアニミズムに神道や仏教が融合し、「山の神」の信仰をはじめ、**鎮守の森**の御神木などが大切にされてきました。山の恵みの収穫や、暮らしを加護・調整する存在としての意味合いが強く感じられます。

写真②は、長野県の山村における樹木の神様の祠です。願い事が叶ったり、紛失物が見つかったりしたときなどには、この樹木の祠にしゃもじをお供えする慣わしがあります。

写真③は、戸隠《とがくし》神社（長野県）のスギ並木です。山の奥に神様が鎮座しています。

用語

鎮守の森
神の宿る場所。古神道における神が鎮座する森。神社の周囲に広がる森林。その土地に根ざした樹種によって構成されることが多いため、原植生を調査するときの手がかりとなる。

現代社会でこそニーズの高まる森林の癒し効果

現在は日ごろの暮らしの中で、さらに簡単に森林や樹木によるヒーリング効果を享受することができるようになりました。森林内の小鳥や川のせせらぎの音源や、四季の映像なども数多く商品化されています。

しかしながら、こうしたバーチャル商品による効果は、やはり実際の森林に出かけ、木立の中に実際に自分の体を置くことにはかないません。

現代の都市生活は、それまでの時代よりも忙しく、騒々しい世界です。そうした都市環境を離れ、世俗的な物事からは距離を置いて、静かな森の中で過ごす。そして、「自分自身の中にある本来の自然」を見つめ、自分本来の生きるペースを取り戻していく。日常の生活とは一線を画した、ヒーリング効果の高い癒しの場としての森林の存在意義は、さらに高まっています。

各地でみられる森林の癒しと信仰

① 工事現場に貼られていたケヤキ渓流林の写真

② 長野県南部の山村に見られる樹神の祠

③ 長野県戸隠神社のスギ並木

取り組みが広がる「森林療法」の現状と課題

森林や樹木に、さらに積極的な効果を求める活動も広がりをみせています。その代表格ともいえるのが「森林療法」です。

森林療法とは、森林に出かけて保健休養、健康増進をはかりながら、森林と人間の双方が健やかになることをめざす自然療法の1つです。森林の保育作業や、森林の状態をよくする作業に参加することで、その行為自体が作業療法としての効果を発揮し、心身のリハビリテーションにつながります。

森林療法には、雄大で荘厳な森林をはじめ、身近に存在する里山、雑木林、鎮守の森、そして放置林など、様々なタイプの森林が利用されます。

森林に自分の心身を置き、日ごろの生活や自分自身を静かにゆっくりと振り返って、自己の生命力、自己治癒力をそれぞれのペースで回復させていく。森林療法とは、このように静かで、個々の目的、体力、思いなどに応じて行っていく試みです。

現在、各地で実践されている森林療法の分野として、まずは福祉・医療・心理の分野が挙げられます。具体的な事例としては、疾患治療の一環として、また障害者の**療育**活動の一環として、森林散策や森林での作業活動を展開している取り組みが盛んです。認知症患者の回想法として森林散策を取り入れている山間部の診療所や、地域の高血圧症の高齢者の患者を対象にして森林散策を取り入れている地域病院、リハビリテーションの一環として野外散策を取り入れている温泉病院、病院周辺の広葉樹**二次林**、針葉樹の放置林を患者と整備しながら、森林療法を実践している地域病院など、各地でみられます。

また、地域住民の健康増進の分野でも、地域の高齢者が定期的、継続的に地域の里山の散策を行っている事例や、働き盛りの企業人や公務員の保健活動の一環として、また一般市民を対象とし、**私有林**を活用した作業療法と森林散策、リラクゼーションを併せもった活動なども実施されています。

一方で、近年では「療法」や「セラピー」を冠し

用語

療育
発達障害のある子どもの機能を高め、社会的自立生活を可能とすることを目的にする医療・保育・養育。治療教育とも。

二次林
天然林、特に原生林（一次林）が、伐採や火災などによって失われた後に再生した森林。再生が自然によるものか、人為によるものかは問わない。自然林と二次林を合わせて天然林という場合もある。

私有林
→64ページ

た言葉が百花繚乱のごとく生み出されています。森林療法もまた、その風潮の中でいつの間にか本来の目的から変形・アレンジをされてしまい、様々な誤解を受けるようになっています。とりわけ、地域おこしや地域復興企画の代表のように使われることも多くなってきました。欧米にみられるような気候や気象条件、実際の保養効果をはじめとした長期間にわたるデータを元にしたものとは異なる性格の取り組みが日本には数多く、国内では、まだ発展段階にあるといえます。

このような状況の中、森林療法の当初の目的、目標に立ち返り、本来の取り組みを行うことが大切です。疾患療法を目的に、特別なお金をかけず、身の回りの自然を活用することが、本来の森林療法のあり方なのです。

森林をカウンセリングに利用する

現在は、学校や大学、役所や企業にも、専属のカウンセラーが配置されることが多くなりました。

通常、職場などにおけるカウンセリングの空間は、相談室や会議室など、室内に限定されています。しかし、それでは心の病の原因がその学校や企業であった場合、悩みを抱え、相談にきた人は、自らのストレスを受けている環境下でのカウンセリングを受けることとなってしまいます。そこで、森林環境を活用した「森林カウンセリング」も1つの形態として注目されつつあります。

森林におけるカウンセリングの利点としては、まず日常空間からの**転地効果**をはじめ、カウンセラーとの距離を取ることができ、小鳥のさえずり、木立を吹き抜ける微風、季節の花々などを感じながら、ゆっくりと話をできることが挙げられます。

また、話を別段しなくとも、森林の風景を眺めているだけでも、心身に何かを享受することができ、そこから新たな糸口が見つかることがあります。心身ともに疲れたときには、森林に出かけて自分自身と素直に向き合ってみてはいかがでしょうか。

転地効果
居住地域外において一定期間の生活を送ることで得られる療養効果。特に、都市住民が山村などで過ごすことで得られる効果。日常の生活と異なった環境で自然の刺激を受けることによって、脳の内分泌系・呼吸・消化等の自律神経系の中枢に作用すると考えられている。

7 「森の幼稚園」の教育効果

デンマークやドイツで形づくられた「森の幼稚園」

「森の幼稚園」は、1960年にデンマークの首都コペンハーゲンの郊外で生まれました。その名が示すとおり、園舎や園庭をもたずに毎日、野外、森林の中で過ごすという、いわば〝あおぞら保育〟が特徴です。雨が降っても、風が吹いても、雪が降っても、1年を通して、月曜日から金曜日まで毎日野外で過ごすのです。

デンマークで生まれた後、隣国ドイツにも「森の幼稚園」はつくられていきました。もともとドイツは、19世紀に幼稚園を生んだ国であり、その幼稚園を創設したのは、森林技官であったフリードリッヒ・フレーベル（1782～1852年）でした。

フレーベル自身は「子どもたちが自由に花咲く庭」として幼稚園をイメージし、毎日の仕事で山歩きをしながら、森の材料から教材を考案したともいわれています。

現在、「森の幼稚園」は、デンマークに70園、ドイツには500園以上もあるといわれます。

日本における「森の幼稚園」の展開

森林の中で生活する「森の幼稚園」は、日本国内でも、その保育・教育効果にたいへん注目が集まっています。

具体的には、身近な森林環境を利用した全人的な保育・教育活動が展開できる、言葉の発達が通常の保育園児よりも早い傾向がある、風邪をひいても長期欠席することが少ない、安眠できる児童が多い、五感の発達が促進され手先が器用になる、小学校入学後に友達づくりが上手になる、集中力や忍耐力、協調性などが育まれ、小学校入学後の学習面でも良

用語

好である、などの報告があります。

では、日本における「森の幼稚園」は、どのように展開されているのでしょうか。

すでに、日本でも各地に「森の幼稚園」を称する施設、グループがありますが、ドイツのように、週5日のフルタイムで、しかも1年を通して屋外で活動を続けている園はごくわずかです。ほとんどが短期間の野外体験プログラムになっており、玉石混交の段階にあるともいえます。

また、日本の森林は、地形が急峻なところが多く、かつ、ドイツのように各地域の公有林や**私有林**を借りての活動が難しいこと、野外活動を指導できる保育士が少ないことなどの課題もあります。

しかし、「森の幼稚園」の活動を通して、子どもたちと保護者が一緒に地元の森林・自然を再発見し、子どもの新鮮な目や感性も養われていきます。と同時に、教育の場として注目を集めることで、地域の森林もまた、息を吹き返していくことが期待されます。

本場ドイツにおける「森の幼稚園」の様子

① ドイツ南西部に位置するアウグスブルク市の「森の幼稚園」。屋根のない森の中で園児がお弁当を食べる。

② バイエルン州最大の都市、ミュンヘン市の「森の幼稚園」。上級生が下級生を導きながら木登りに挑戦している。

私有林 ↓64ページ

8

ドイツで確立した「森林美学」

森林の美しさと高い経済性は関係する

「森林が好き」という人の中には、森林の風景を好きな理由に挙げる人が数多くいます。たしかに、森林には形・色彩・風景など、美的な要素が幾重にも存在しています。その森林の美を扱う学問分野に**森林美学**があります。

森林美学は、ドイツの林学者**ザリッシュ**によって、19世紀後半ごろ、林学の一部門として確立したとされています。ザリッシュは、「**施業林**において経済的な利益を追求することと美しい森林をつくることは基本的に調和する」と考えました。つまり、より高い経済性を求めることは、同時に、より美しい森林を造成することであると考えたのです。

また、「森林施業の誤りは、森林を美的に取り扱うことによって防ぐことができる」と考えていました。もしも、美しくない森林ができてしまったとしたら、それは施業方法のどこかに誤りがあったからであり、適切な施業は美しい森林美に帰結すると考えたのです。

木材生産を行いながら、美しい森をつくる管理指針をめざすのが森林美学である、ともいえるでしょう。ザリッシュは経済的な目的をもつ森林に限って森林美学を唱え、**人工林**の育成を1つの芸術とみていたとも考えられています。また、同時期のドイツの林学者**メーラー**は、「最も美しい森林が、最もよい材を、最も多く生産する」として、森林美学とも相通じる有名な言葉を残しています。

森林美学は日本でも独自に発展

日本においても、森林美学は学問の対象となりました。

用語

森林美学
木材生産を行い、同時に美しい森林を造成する管理指針を生み出すことを目的とする思想・学問分野。日本では、わが国初の林学博士の一人として近代林学の基礎を築いた本多静六が訳語として『森林美学』を創出。1918年には新島善直がザリッシュの森林美学を基礎として、北海道帝国大学において同名科目を開設。

ハインリッヒ・ザリッシュ
「技術的に合理的な林業の中に『森林美』がある」と主張し、森林美学を創設。[1846～1923年]

施業林
法令上の制限などがな

ドイツで学んだ**新島善直**、村山醸造の2名の研究者が、『森林美学』という本を1918年に発表しました。新島と村山は、森林美学とは、「美学と森林の風景との関係、森林美と樹木の美的価値、森林美造成の技術的手段であり、森林に関するいっさいの美的活動を考究すること」と定義し、ザリッシュのように人工林、施業林に限らず、**天然林**も含めて森林をとらえました。

21世紀の今日、森林美学は、森林風景、**森林風致学**（またはフォレストランドスケープ）といった言葉の中に、その流れを継承しています。「生態系サービス」「エコツーリズム」などの言葉もありますが、その基底には「機能的に優れている森林は、デザイン的にも優れている」という考え方があり、ザリッシュの考え方と共通する要素があります。

しかしながら、科学として「美」を追求する場合、普遍的な美の存在が証明されなければなりません。いうまでもなく、「美」は本来主観的な要素がきわめて強いため、科学的かつ実践的に「美」を創出し、取り扱うことには大きな困難があり、それは森林美学の大きな課題です。

ザリッシュや新島たちが提唱した、私たちが忘れかけていた森林の美しさ、しかも、単なる「美」ではなく、機能性を秘めた「美」の価値をもう一度見つめ直すことも、これからの林業にとって必要なのではないでしょうか。

復刻出版された『森林美学』
（北海道大学図書刊行会 1991年）

く、森林施業を行うことが可能な森林。

人工林
→52ページ

アルフレート・メーラー
ドイツの林学者。『恒続林思想』（1922年）等の著書で知られる。［1880～1922年］

新島善直
明治～昭和初期の林学者。東京府（現在の東京都）出身。ドイツに留学しザリッシュに師事。トドマツ・エゾマツの苗の販売、巣箱の設置による森林害虫の防除等に功績を挙げたほか、日本に『森林美学』を紹介。［1871～1943年］

天然林
→52ページ

森林風致学
人間と自然環境との共生可能な空間としての森林を対象とする学問分野。

9 生活を守る森林①
～山地災害を防止する～

日本の森林荒廃と治山の歴史

日本は、アジアモンスーン地域と呼ばれる温暖湿潤な気候帯に位置しています。そのため、台風や集中豪雨、豪雪も多く、頻繁に土砂災害が発生します。さらに、地震や噴火の発生回数も全世界のおよそ1割を占めています。加えて、国土が狭い上に地質が脆弱で、急峻な地形が多いことから、山地における土砂の移動が災害に直結する場面がひじょうに多いのです。

日本では、生活に必要な資源やエネルギーのほとんどを身近な森林地帯から得てきました。しかし、人口増加や産業発達とともに森林資源が減少し、戦乱の著しかった戦国時代から江戸時代にかけて、日本の森林はひどく荒廃し、各地で土砂流出や河川の氾濫が頻発しました。これを受けて治山治水の思想が育まれていくことになります。

歴史上、最も森林が荒廃していた時期は明治中期と考えられていますが、**治水三法**の成立とともに本格的な国土保全事業が開始されることになりました。その後、燃料革命と肥料革命により森林からの資源採取が激減し、戦後の**拡大造林**と相まって、現在の森林の姿になりました。長い年月をかけて山地災害対策を進めてきた結果、山地災害は減少傾向にあるといわれています。しかし、同時に山地からの土砂供給量の急激な減少も起こり、砂浜の急速な減少という新たな課題を生み出しています。

山地災害を防止する森林の役割

森林による土砂災害抑止機能は、表面侵食抑止機能、表層崩壊抑止機能、飛砂防止機能、落石防止機能などに区別することができます。落葉層や下層植

用語

治水三法
「河川法」「森林法」「砂防法」の総称。これら諸法の制定により、国家事業としての治山治水事業の基礎が形成され、治山・治水・砂防それぞれの事業の役割分担が明確化。今日の国土保全事業の縦割り行政固定の端緒ともなったといわれる。

拡大造林
→130ページ

生は、樹冠から落下する雨滴の衝撃力を緩和することによって雨滴侵食を防止し、地表面が高い浸透能を維持する役割を果たしています。

表層崩壊防止機能とは、山地斜面の表層土中に発達する林木の根系が急峻な斜面上でも表層土を安定させている働きをいいます。ただし、その機能は万能ではなく、深層型崩壊や地すべりのように、根系の生育範囲を超えた深い位置で発生する現象に対しては、この機能を期待することはできません。

また、幼齢林における崩壊率は壮齢林よりも高く、成木の伐採後、すぐに次の世代の森林を**造林**したとしても、20年間は十分な崩壊防止機能が回復しません。また、森林伐採後に発生する表層型崩壊は、地殻変動による基岩の亀裂の発達が少なく、新しい地質である**新第三紀層**地域や花崗岩地域で多いといわれています。

なお、針葉樹林と広葉樹林、あるいは樹種別にみたときに表層型崩壊防止機能に差があるかどうか、まだはっきりとした結論は出ていません。

表層土中における根の分布と抵抗力

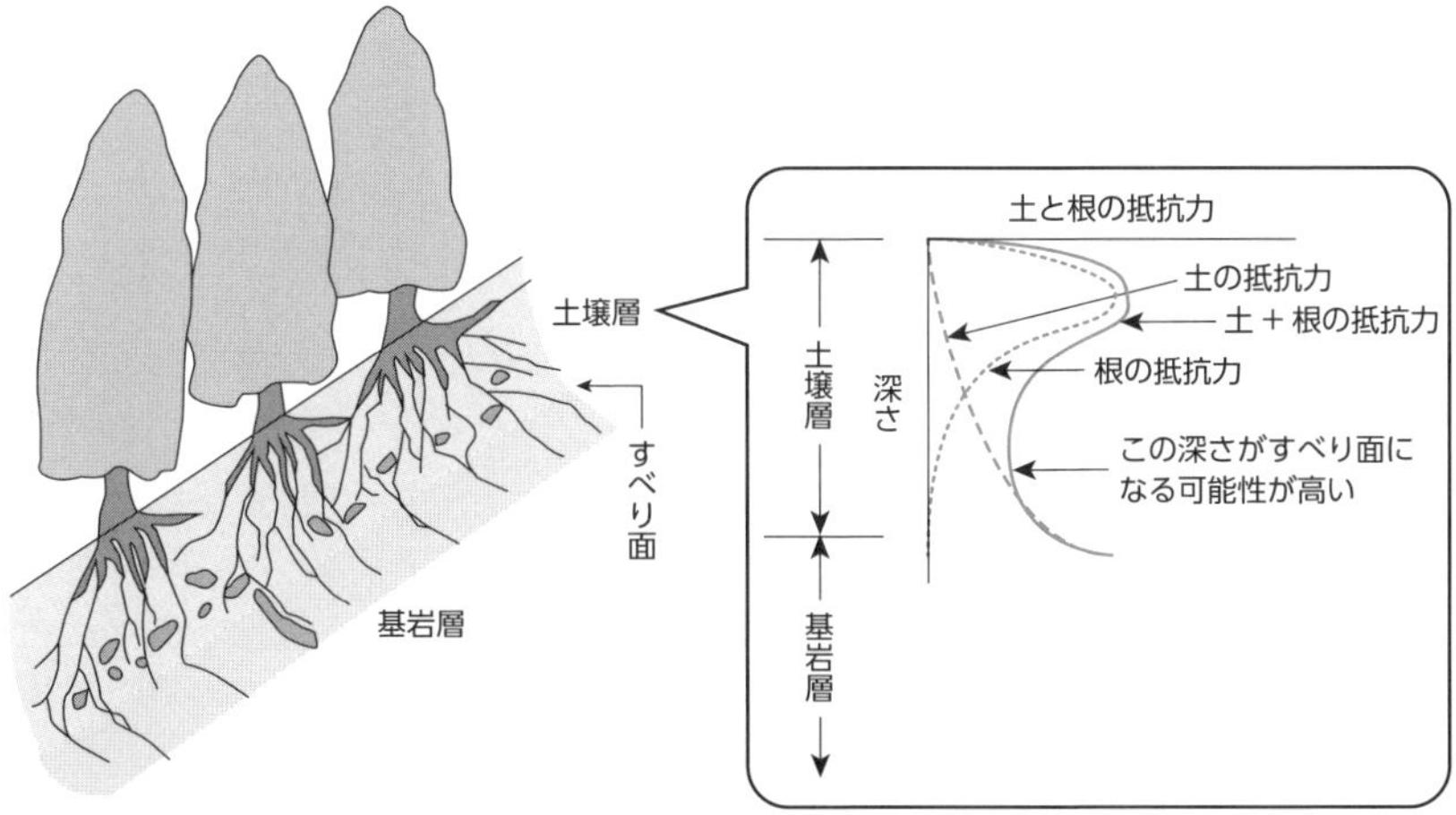

崩壊現象は、斜面表層土（土壌層）が崩れる「表層型崩壊」と、変質化・風化作用などを受けて強度が低下した基岩層が崩壊する「深層型崩壊」に区分することができる。
資料：阿部和時『長伐期林の実際』（林業科学技術振興所 2002年）より改変

造林
↓127ページ

新第三紀層
約2350～170万年前に形成された地層。堆積岩や火成岩からなる比較的かたく、安定した地盤。

10 生活を守る森林②
～海の脅威を防ぐ海岸林～

人が育て、人を守る海岸林

「白砂青松《はくしゃせいしょう》」という言葉があるように、マツ林と海辺、砂浜や岩肌が一体となって織りなす景観は、昔から多くの歌や絵画にも描かれ、日本人の心の風景の1つとなってきました。**世界遺産条約**による文化遺産の構成資産として登録された静岡県の三保松原《みほのまつばら》は、海やマツ林越しに富士山を眺めることができ、その美しい情景は多くの芸術家にも影響を与えてきました。

日本の海岸線の全長は、約3万4000㎞に及び、海岸にはクロマツやアカマツが帯状に植えられています。寒い地方では広葉樹なども植えられてきました。こうした**海岸林**の多くは、長年にわたり人々が人家や田畑を守るため、苦労してつくりあげてきた**人工林**なのです。

例えば、クロマツは陽の光を好み、菌根菌との共生により砂浜というやせた土壌でも育ちます。また、風や潮に耐え、ブラシ状に連なる葉が海から吹く強い風を防ぎ、潮粒や砂粒を捕まえ、人家や田畑、海岸に住む人々の暮らしを守ってくれています。

さらには、津波を軽減する効果や多様な生物を育み、魚たちの生息環境をも提供する**魚《うお》つき林《りん》**としての役割や、散歩を楽しむ、独特の景色に心癒されるといった保健休養や風致機能など、実に多くの恵みをもたらしてくれています。

このように、海岸林は防災機能を持つことから**海岸防災林**とも呼ばれます。

その造成方法も各地で工夫が凝らされています。静岡県の遠州灘では、海風や飛砂を海側に受け流すよう、海岸線に対して斜めにクロマツ林を何層にも配置する「斜め海岸林」をみることができます。

用語

世界遺産条約
顕著な普遍的価値を有する文化遺産および自然遺産の保護を目的とする国際条約。1972年にパリで開かれた第17回会期国連教育科学文化機関総会において採択。正式名称は「世界の文化遺産及び自然遺産の保護に関する条約」。

海岸林
→84ページ

人工林
→52ページ

魚つき林
魚介類の生息・生育に好影響をもたらす森林。土砂の流出や河川水の汚濁化の防止、清浄な淡水の供給、栄養物質、飼料を河川・海岸の生物に提供するなどの機

危機的な状況にある海岸林

しかし、海岸林は様々な脅威にさらされています。河川からの砂の流入減少により砂浜がやせ細ってきていることも原因の1つです。そこで、**養浜工事**などの対策が行われています。

また、1979年に被害がピークを迎えたマツノザイセンチュウによる松枯れは今も続いており、予防・駆除対策により、海岸林を守る必死の取り組みが続けられています。さらに、松葉かきなど人の手入れにより維持されてきたマツ林は、生活様式の変化で手入れが行き届かなくなり、広葉樹の侵入など植生遷移が進み、マツが消滅して、暗く込み合ってしまった海岸林もみられるようになりました。

一方で、東日本大震災で被害を受けた海岸林の復旧・再生に向け、海岸林をつくる取り組みも始まっています。厳しい海岸環境にどのような樹種が適しているのか、既存のマツの生育にどのような影響を及ぼすのかなど、試行錯誤が行われています。

海岸防災林における保安林の機能

飛砂防備保安林	砂浜などから飛んでくる砂を防ぎ、隣接する田畑や住宅を守る
防風保安林	風の強い地域で、田畑や住宅などを守る壁の役割を果たし、風による被害を防ぐ
潮害防備保安林	津波や高潮の勢いを弱め、住宅などへの被害を軽減する。また、海岸からの塩分を含んだ風を弱め、田畑への塩害などを防ぐ
防霧保安林	霧の粒を樹木の葉などで捕らえ、移動を抑えて、農作物の被害や自動車事故などを防ぐ
保健保安林	森林レクリエーション活動の場として、生活にゆとりを提供する。また、空気の浄化や騒音の緩和に役立ち、生活環境を守る
風致保安林	名所や旧跡、趣のある景色などを保存する

資料：林野庁 HP

能をもつ。魚寄林《うおよせばやし》、魚《うお》付林《つきばやし》、魚隠林《うおかくればやし》などとも呼ばれる。

海岸防災林
海岸林のうち、防潮(津波・高潮)・飛砂防止・防風・飛塩防止・防霧等の機能発揮を期待される森林の総称。全国各地における本格的な造成は、新田開発の活発化に伴い、17世紀中ごろより多様な名称をもって開始。風海岸防風林とも。

養浜工事
海浜の安定化を目的として、侵食された海岸、あるいは利用申請された海岸に人工的に砂を供給し、砂浜の維持・回復を図る工法。

11 森の恵みを生かし、守り育てる人々

"切実な食料"から"地域の特産"になった山菜

山に生きる人たちは、山菜や木の実などの食べ物をはじめ、炭や薪、漆など様々な森林の恵みを利用してきました。これらは特用林産物として、地域経済の活性化や雇用にも大きな役割を果たし、その地域の人たちの暮らしを支えてきました。

ワラビやタラノメなどの山菜、クリやクルミなどの木の実は、耕地が狭く米づくりが難しい山間部では、昔から重要な食べ物でした。加工すると長期保存が可能なため、農業などのかたわら、春から秋の間にこれらの食料を集め冬に備えたのです。保存していた食料が減ってきた春先にとれる山菜は、山に生きる人たちにとって"切実な食料"でした。また、**救荒作物**としての役割もありました。

山菜や木の実は、戦後、山間部に米食が広まると徐々にその性格を変えていきます。山菜料理は、山村の食堂や民宿の名物となり、漬け物や木の実を使ったお菓子は、お土産として珍重されるようになりました。山に生きる人たちの食料が都市で生きる人たちの楽しみになっていったのです。同時に山に生きる人たちの現金収入の機会を広げ、森林組合などにより、各地に山菜の加工場などがつくられました。

また、かつては自然に生えてきた天然ものが利用されていましたが、近年は栽培されたものが出荷されることが増えています。山の斜面や耕作放棄地を利用した栽培も行われ、山形県や長野県など「特産品」として生産に力を入れている地域もあります。

生産量が減る木炭、増える薪

木炭は、長い間、日本人の日常生活にとって欠かせない燃料でした。そして、木炭を作る「炭焼き」

用語

救荒作物
飢饉・凶作・戦争などにより食料が不足した際の備えとして栽培される作物の総称。ジャガイモ・ヒエなどが代表的。備荒作物とも。

も、山に生きる人たちの重要な生業の1つでした。

木炭は昔から、鉱山での製錬で大量に使われていました。そのため鉱山が開発されると、周囲の山で炭焼きが盛んに行われました。炭焼きには、窯や高度な技術が必要だったので、炭焼きを専門とする人たちが現れ、各地を渡り歩くこともありました。

近世以降は家庭での木炭の使用も増え、農家の中にも炭焼きをする人たちが出てきます。しかし、戦後になって石炭、さらに石油やガスが普及すると消費量は激減し、1950年に約200万tだった木炭生産量は、2020年には2万tにまで減っています。土壌改良、水質浄化用、消臭用など様々な活用が進められていますが、生産者の高齢化などから、生産量は減少しています。

一方、薪については、ピザ窯やパン窯での利用に加え、薪ストーブの普及により、07年以降、消費量は増加傾向にあります。森林組合の中には、薪ストーブ専用の薪を通年販売したり、注文した家庭に宅配したりするところも出てきています。

貴重な国産漆とハチミツを生産する人々

漆器に使われる漆は、漆の樹皮に傷をつけ、流れ出た樹液を採取して作ります。漆製品は縄文時代の遺跡からも出土し、江戸時代には特産品とするため、各地の山に漆の木が植えられました。漆の樹液を集めるのは「漆掻き職人」と呼ばれる人たちで、地元の山に加え、各地を転々とすることもありました。

現在は、国内で消費される漆の98%は輸入品で、国産は2%にすぎません。国産のうち約6割は岩手県二戸市の浄法寺地区で生産されています。浄法寺地区でも漆掻き職人の高齢化が進んでいますが、**地域おこし協力隊**として技術を習得してくれる人を募集し、他県から移住する人も出てきています。

なお、特用林産物には含まれませんが、ハチミツも森林からの恵みの1つと考えられます。

蜜源植物としてはレンゲがよく知られていますが、アカシアやトチノキなど森林に生えている木も重要な蜜源で、特に東日本では大きな割合を占めていま

地域おこし協力隊
大都市圏から過疎地域に生活拠点を移し、地域おこし活動をしながら、定住を図る取り組み。2009年度から総務省が始め、過疎地域の自治体が隊員を受け入れている。隊員の約8割が20～30代で、任期は1年以上3年以下の場合が多い。約6割が任期終了後もその地域に定住している。

す。

一時は減少傾向にあった国内の養蜂家数は、2010年以降は微増傾向にあり、2022年時点では1万1276戸に上ります。養蜂家といえば、巣箱とともに蜜源を追い求めて全国を移動するイメージが強いですが、移動せずに趣味で養蜂を楽しむ人たちも増えてきています。ただし、国内で消費されるハチミツの多くは輸入品で、自給率は5％にすぎません。

森を案内する森林インストラクター

かつては、森林の恵みを利用するのは、その地域に住んでいる人たちが中心でした。しかし、近年は山菜採りなどのためにやってきた地域外の人たちによる、ルールを無視した乱獲などが問題化しています。

そこで、森林や林業に関する適切な知識を伝え、森林の案内や森林内での野外活動の指導を行うのが**森林インストラクター**です。一般市民の他、自治体職員、学生など様々な人たちが資格を有しており、自然観察会、林業体験教室などを行っています。

主な山菜の生産量上位県（2020年）

	ワラビ	ゼンマイ（乾燥）	タラノメ	フキノトウ	ツワブキ
1位	山形県	高知県	山形県	新潟県	宮崎県
2位	新潟県	新潟県	新潟県	群馬県	鹿児島県
3位	岩手県	秋田県	長野県	長野県	高知県
4位	高知県	山形県	群馬県	山形県	福岡県
5位	秋田県	福井県／愛媛県	青森県	青森県／福島県	佐賀県

資料：林野庁「令和３年 特用林産基礎資料」

用語

森林インストラクター 森林に関する知識や情報を一般人に伝え、実際に森や林を案内したり、そこでの野外活動をしたりする「森の案内人」。全国森林レクリエーション協会が認定する資格。2005年からは農林水産大臣および環境大臣の登録事業。

第7章

これからの林業の可能性と課題を知る

各地で進む木材のブランド化

江戸時代から数多くあったブランド木材

　木曽ヒノキ、秋田スギ、青森ヒバ（**天然林**）、奈良の吉野スギ、三重の尾鷲ヒノキ、静岡の天竜スギ（**人工林**）などは、江戸時代から続く銘木、つまり高級ブランド木材です。京都の北山スギからつくる北山丸太、昭和初期まで存在した東京の**四谷丸太**なども、歴史的なブランド木材です。

　銘柄や商標を意味する「ブランド」は、家畜に押された焼き印が語源とされています。類似する他の商品との違いを消費者が簡単に識別できるように、だれがつくったか（生産者）、どこでつくられたか（生産地）といったことを強調することが多く、有名林業地の場合も、生産地の生産管理者によって積み上げられた実績が信用となり、品質保証に結びついています。

「県産材」という新ブランド

　こうした銘木は、ほとんどが高級ブランド化した地域材ですが、現在、新たな地域材のブランド化が進んでいます。山形県の置賜木《おきたまのき》、富山県のＮＥＩＷＯＯＤ（婦負《ねい》森林組合）などもその一例ですが、より広域の都道府県を単位にした地域材も、「県産材（県産木材）」としてブランド化をめざしています。

　１９９３年に福島県と長野県で、県産材認証制度が初めて導入されて以降、全国に広がりました。専門機関が地元の木材であることを認証し、認証を受けた県産材を使って建てた住宅（建て主）は、補助金支給やローン優遇金利の適用対象になります。認証項目は各都道府県で異なり、産地、合法性、品質、業者登録などの全項目を証明するケース、その一部でよいケース、また認証の対象も、原木、**製材**、建

用語

天然林
→52ページ

人工林
→52ページ

四谷丸太
東京府下豊島郡高井戸村（現在の東京都杉並区高井戸）を中心として、江戸時代に発展した集約的なスギ育成林業地で産出された磨き丸太、足場丸太など。東京の発展に伴い、昭和初期には消滅。

製材
→１１４ページ

材、**プレカット加工**材などのすべてを含む場合と、一部のみの場合があります。

環境にやさしい木材もブランドになる

宮城県南三陸町で産出されるスギは、17世紀の初めに仙台藩の藩祖である伊達政宗が城下町建設に活用した良質材です。この「南三陸杉」をブランド化する取り組みが２００８年から地元で始まっています。三陸の気候風土でゆっくり育つため、目が詰まっていて強度があり、美しい色みをもつことが特徴です。林業経営者のコンクールで優勝するなど実績を重ねてきましたが、２０１５年10月に、町の全森林の10％に相当する１３１５haが、国際機関の**森林管理協議会**から「ＦＳＣ認証」を得たことで、ブランド化に弾みがつきました。

環境にやさしい森林で育成され、加工・流通も適切に管理されているとの認定を受けた木材は、単にイメージを向上させるだけでなく、公益性の高い建材として付加価値をもつことになります。

FSC 認証のしくみ

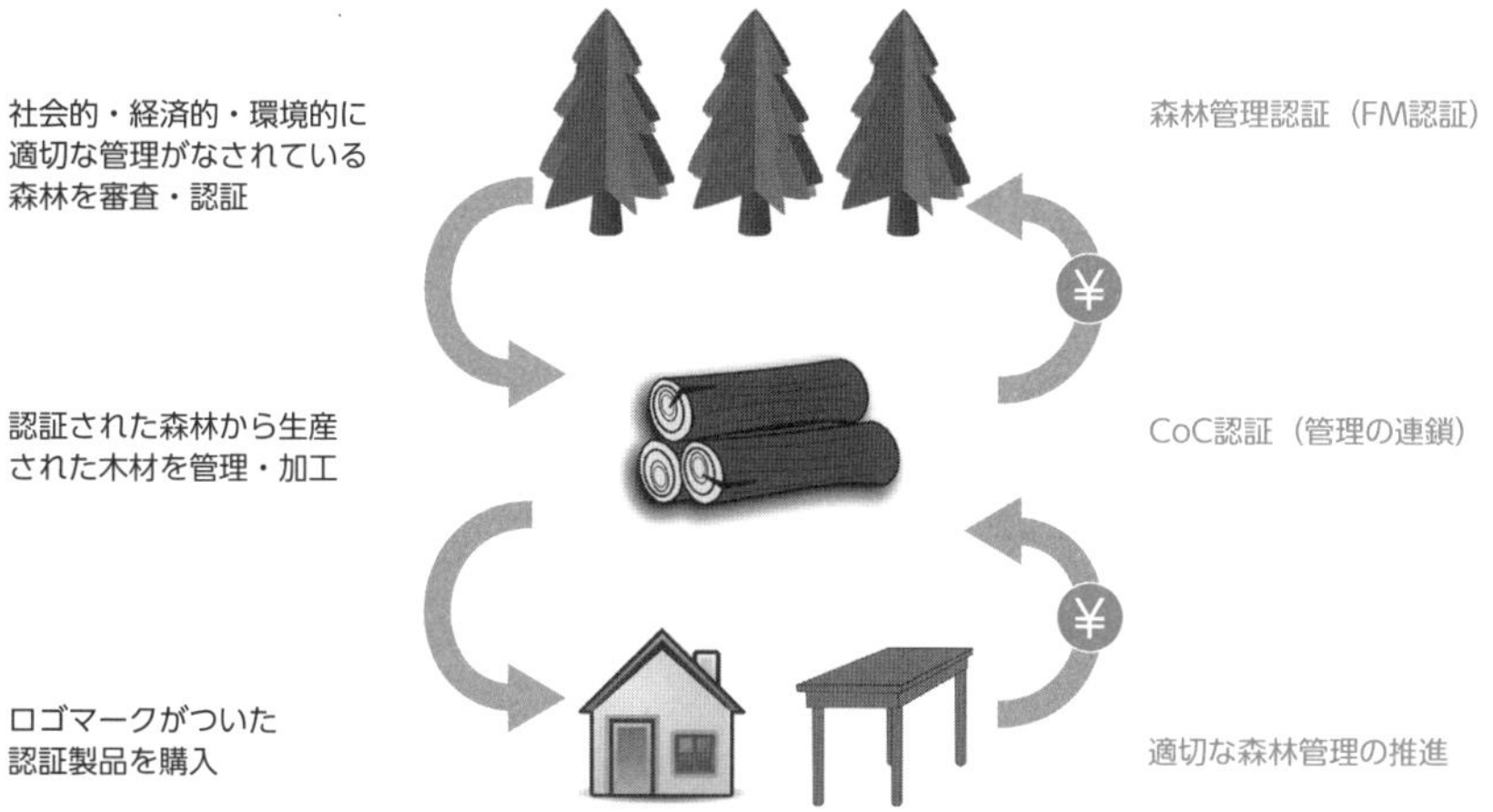

森林の管理・経営を対象に適用される「FM 認証」と、認証森林の林産物の加工・流通の過程の管理を対象にした「CoC 認証」がある。この認証マークを持つ林産品は、公共施設などに適合したものと認められる。
資料：アミタ㈱ HP より改変

プレカット加工
→１１５ページ

森林管理協議会
ＦＳＣ。森林とそこから伐り出された木材の流通や加工の過程を認証する国際機関。１９９３年にカナダで創設。世界各国の環境保護団体・林業経営者・木材業者・先住民族・森林組合等によって構成。ドイツのボンに国際事務局を設置。

2 木質バイオマスエネルギー

木質バイオマスを使った発電と熱利用

木質バイオマスは、森林資源を生かした新たなエネルギー源として、大きな注目を集めています。大きく電気と熱の2つの利用が始まっています。

木質バイオマス発電は、太陽光発電や風力発電とは異なり、木質バイオマス燃料を購入する必要がありますが、天候や環境に左右されることがなく、電力を安定的に供給することが可能です。しかも、地域の木質バイオマス燃料を活用することで、地域経済の活性化にもつながるという特徴があります。

2012年に「**再生可能エネルギーの固定価格買取制度（FIT制度）**」が開始されました。その結果、新たに木質バイオマス発電設備として認定されている発電所は、19年12月時点で411か所、発電量は約211万kWとなっています。

木質バイオマスエネルギーの熱利用では、使用形態として、①温水、②蒸気、③温風の3つを挙げることができます。実際、商業目的の施設に導入する場合は、①経済性・事業性の検討、②規模の適正化、③燃料需給の見極め、④燃料機器の適切な運用・管理など、導入目的と期待する効果を明確にする必要があります。

また、木質バイオマスエネルギーの熱利用は、薪ストーブやペレットストーブを代表に家庭での利用も進んでいます。化石燃料に頼らない、新たなライフスタイルの1つとして人気を呼んでいます。

利用拡大に向けて解決が必要な2つの課題

木質バイオマスエネルギーの利用を進めるには、乗り越えなくてはならない大きな課題があります。

1つ目は燃料の調達です。FIT制度による認定

用語

木質バイオマス
エネルギー源や工業原料等として用いられる樹木由来の全資源。木材・薪炭材・林地残材・製材残材・建築解体材など。さらに、これらを原料とした薪・木炭・チップ・木質ペレット・オガライト・おがくず・パルプ・紙類なども包含。

再生可能エネルギーの固定価格買取制度（FIT制度）
再生可能エネルギーで発電した電気を、電力会社が一定価格で買い取ることを国が約束する制度。電力会社が買い取る費用を電気利用者から賦課金という形で集め、現状ではコストの高い再生可能エネルギーの導入を支援するもの。

を受けた、木質バイオマス発電施設の多くが運転を開始していますが、こうした施設への燃料供給が需要に追いつかず、新規参入事業者と既存利用者による燃料の奪い合いが懸念されています。これは、設備投資のための資金不足、林業労働力の不足などにより原料木材の生産体勢が整わない、といったことに起因します。

2つ目は、エネルギー利用のための国内の技術と規格の確立です。

現在、日本には多種多様な燃焼機器が導入されようとしており、その多くは、自然エネルギー先進国である欧州からの輸入に頼っています。しかし、残念ながら、これらの機器に適合する燃料材の加工技術や規格が日本では確立されておらず、購入後に燃料材と機器が適合しない、また輸入が認められないといった問題が生じています。

現在、国内の法制度の改正検討や業界団体による規格の策定などが行われていますが、依然として大きな課題が残されています。

木質バイオマスの熱利用の方法

主に商業目的の施設の場合	
温水	水を加温して利用。主に、暖房や給湯、加温などの用途で、温浴施設、福祉施設、宿泊施設などに導入されている。
蒸気	水を蒸発させて利用。木質乾燥や暖房、消毒などの用途で、木材加工施設や工業施設、熱供給施設などで用いられている。
温風	空気を暖めて利用。農業用のビニールハウスなど施設園芸農業などで用いられている。
主に家庭で利用する場合	
対流熱 輻射《ふくしゃ》熱	薪ストーブやペレットストーブを利用。空気だけでなく赤外線による暖房効果もあり、空間全体が心地よい暖かさになる。

3 伝統工芸品から森林の価値を見つめ直す

森林の恵みが不可欠な伝統工芸品づくり

伝統工芸品と森林を切り離して考えることはできません。森林に関係が深い工芸品というと、まず「曲げわっぱ」「桶」「樽」といったものが想像されると思います。これらは木材そのものが使われているため想像しやすいのですが、森林に関係する工芸品はそれらだけではありません。

例えば、漆器には漆が用いられますし、陶磁器や織物では木材を燃料や染料として使用する工程があります。このように、伝統工芸品の生産に森林は欠かせないものなのです。

国では1974年に公布された「**伝統的工芸品産業の振興に関する法律**」に基づき、「伝統的工芸品」として認定を行ってきました。2022年3月までに237品目が指定されています。木工品だけではなく、織物や陶磁器、石工品など、15品目種と多岐にわたる工芸品が指定されています。

このほかにも、各都道府県や市町村など独自に認定されているものも多数存在します。

地域の素材を使い地域で生産される

伝統工芸品は、概して各地域内で生産されているため、生産拠点は各地に点在しています。必要な原料を調達しやすい地域で生産が行われているからです。また、生産活動が広域に及ぶことは少なく、一定の地域で産地が形成されています。このことは、「伝統的工芸品」として指定を受けるための要件にも設定される、重要な要素となっています。

伝統工芸品に地域の風土や生活環境に合わせた産品が多いのは、地域に必要なものが、地域の素材を使い、地域で生産されるためなのです。

用語

伝統工芸品
伝統的技術によって生産される製品の総称。「伝統的工芸品」などとも。

伝統的工芸品産業の振興に関する法律
一定の地域において、主として伝統的な技術または技法等を用いて製造される伝統的工芸品の産業の振興を図り、国民の生活に豊かさと潤いを与えるとともに地域経済の発展に寄与し、国民経済の健全な発展に資することを目的とする法律。1974年公布。「伝産法」と略称。

地場産業に貢献する伝統工芸品の振興

現代の日本社会は人口減少を迎える一方、ヒト・モノ・カネの大都市への集中傾向が強まっています。こうした中、近年では「地方創生」が叫ばれ、改めて地域のあり方が見直されています。地域社会を形成するうえで自然資源は人間にとって欠かせないものであり、その代表格が森林ともいえます。森林を活用した伝統工芸品の生産を、当該地域の産業として成立させるということは、特色ある地域づくりにとってたいへん重要なことでしょう。

日本の林業は、育林・伐出・加工の各段階において、先人たちの様々な経験を元に技術が発展してきました。それは、大なり小なり、現代の林業技術にも引き継がれています。

森林資源の有効性と可能性は、木材利用だけに留まりません。地場産業の振興や伝統文化の継承を含む伝統工芸品生産という観点からも、今後の林業を見つめ直すことも必要なのではないでしょうか。

伝統的工芸品の品目種別指定品目数

品目種	品目数	構成率（%）	品目種	品目数	構成率（%）
織物	38	16.1	和紙	9	3.8
木工・竹工品	32	13.6	文具	10	4.2
陶磁器	32	13.6	人形	10	4.2
漆器	23	9.7	石工品・貴石細工	6	2.5
仏壇・仏具	17	7.2	工芸用具・材料	3	1.3
金工品	16	6.7	その他工芸品	22	9.3
染色品	13	5.5	その他繊維製品	5	2.1
			合計	236	100

※2021年１月15日現在
資料：伝統的工芸品産業振興協会

4 林業の担い手を育てる行政支援

「緑の雇用」制度で就業者が増加

林業の担い手として新しく入ってくる労働者の雇用を支援するための諸制度を、まとめて「緑の雇用」と呼びます。2001年より始まった「緑の雇用」の事業によって、新規就業者の確保と育成を進めてきた結果、それまで年間平均約2000人だった新規就業者数は、年間平均で約3300人にまで増加しました。

2013年度からは、就業前対策として「緑の青年就業準備給付金制度」が創設されました。就業後対策としての「緑の雇用」現場技能者育成対策事業と併せて、総合的な人材育成を進めています。

「緑の青年就業準備給付金制度」は、林業への就業に向けて、**林業大学校**などで必要な知識を身につけて、やがては林業経営を支えていく有望な人材として期待される青年に対し、安心して研修に打ち込めるように資金を給付するものです。就業希望者1人当たり年間150万円を、最長で2年間給付しています。

数を増やす林業大学校

林業を担う人材を育成するための研修教育施設が林業大学校です。各都道府県条例に基づいて設置され、「**農業改良助長法**」に規定される農業者研修教育施設の林業課程として設置されたものを含めると、2015年には、秋田、群馬、長野、岐阜、静岡、京都、島根の7府県に1校ずつでしたが、2022年には24校にまで数を増やしています。

修業期間は1年または2年となっています。

用語

林業大学校
林業を担う人材の育成を目的として、各都道府県条例に基づき設置される林業者研修教育施設。

農業改良助長法
農業従事者に対して、より能率的で環境との調和のとれた農法の普及と、安定的な農業生活の提供を目的としてつくられた法律。1948年制定・施行。

レベルに合わせた現場技能者の育成

「緑の雇用」現場技能者育成対策事業は、①新規就業者の確保・育成・キャリアアップ、②林業機械・作業システム高度化技能者育成、③林業労働安全推進対策――の3つを柱にしており、研修生1人当たり月額9万円をはじめとする助成をしています。

就業者確保のため、高校生の就業体験、3か月程度のトライアル雇用なども実施しています。新規就業者を対象にした林業作業士（フォレストワーカー）研修の期間は3年で、その後に、林業就業5年以上の経験者が対象の現場管理責任者（フォレストリーダー）研修、さらに10年以上の経験者を対象の統括現場管理責任者（フォレストマネージャー）研修へと進み、育成とキャリアアップを図ります。

林業機械・作業システム高度化技能者育成には、架線作業システム高度化技能者育成と**森林作業道**作設オペレーター育成強化が含まれています。

林業への新規就業者の推移

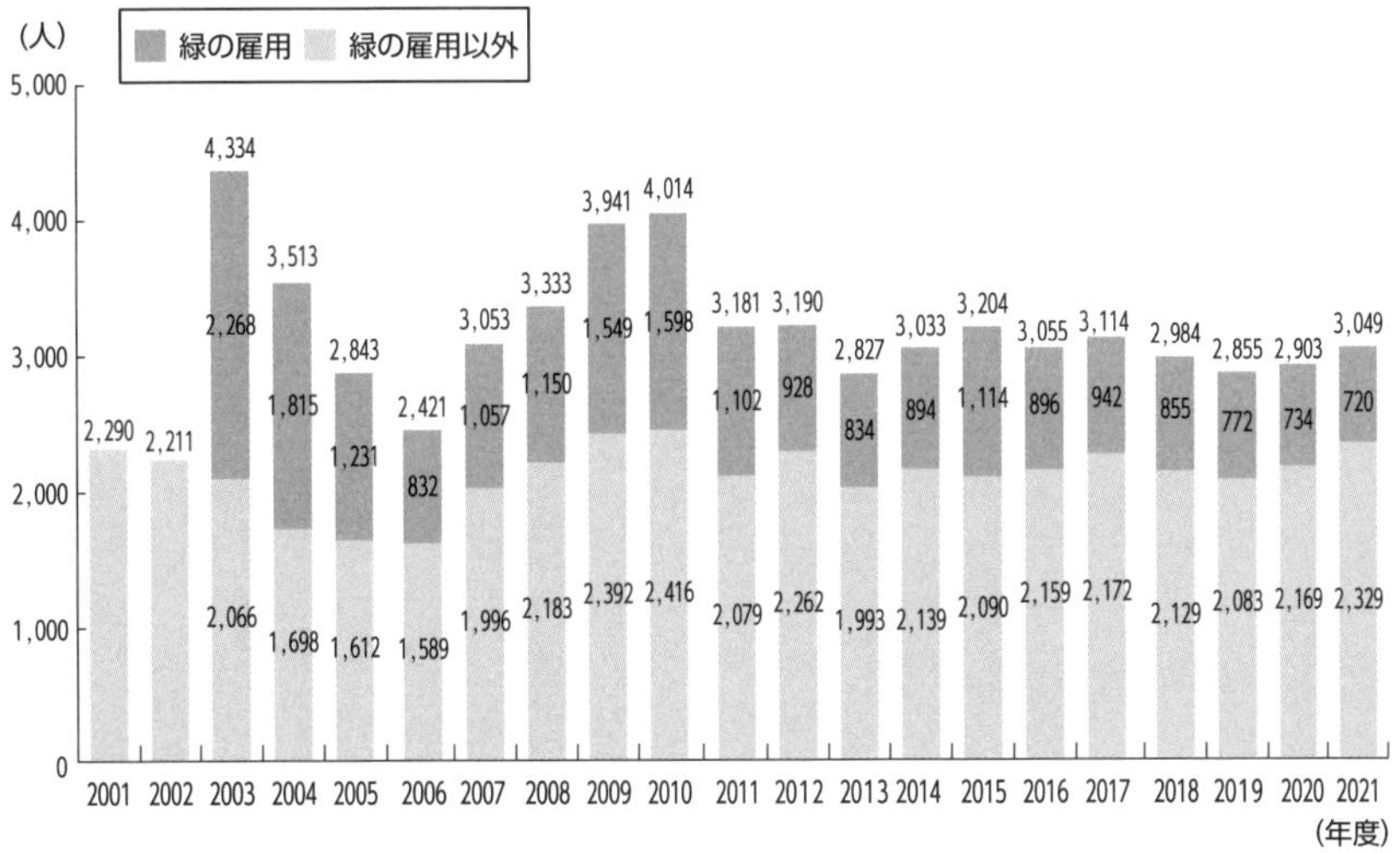

資料：林野庁業務資料

森林作業道
2010年に「森林・林業再生プラン」によって新設された林道区分の1つ。森林施業のための特定の者が利用し、主として林業機械（2t程度の小型トラックを含む）の走行を予定するもの。

5 林業生産のこれからを考える①　～林地集約～

国がめざす林業の基本方針とは？

国の今後の林業政策の長期指針となる新たな**森林・林業基本計画**が、2021年6月に閣議決定されました。林業・木材産業を内包する持続性を高めながら成長・発展させ、人々が森林からの恩恵を享受できるようにすることが企図されています。そして、それらを通じて、社会・経済生活の向上と地球温暖化対策としての「グリーン成長」の実現のために以下の施策を樹立しました。

1．森林資源の適正な管理・利用

森林資源の循環利用を進めつつ、多様で健全な姿へ誘導するため、再造林や複層林化を推進する。併せて、天然生林の保全管理や国土強靱化に向けた取り組みを加速させる。

2．「新しい林業」に向けた取り組みの展開

新技術を導入し、収支のプラス転換を可能とする「新しい林業」を展開する。また、「長期にわたる持続的な経営」を実現できる林業経営体を育成する。

3．木材産業の競争力の強化

外材等に対抗できる国産材製品の供給体制を整備し、国際競争力を向上する。また、中小地場工場等は、地域における多様なニーズに応える多品目の製品を供給できるようにし、地場競争力を向上する。

4．都市等における「第2の森林」づくり

中高層建築物や非住宅分野等での新たな木材需要の獲得を目指す。木材を利用することで、都市に炭素を貯蔵し温暖化防止に寄与する。

5．新たな山村価値の創造

山村地域において、森林サービス産業を育成し、関係人口の拡大を目指す。また、集落維持のため、農林地の管理・利用などの協働活動を促進する。

用語

森林・林業基本計画　森林および林業に関する施策を総合的かつ基本的に推進するため、「森林法」に基づき策定される計画。森林のもつ多面的機能の発揮、木材の供給および利用に関する目標などを明記。おおむね5年ごとに改定される。2006年より開始。

困難がつきまとう林地の集約化

これらを実現していくには、林地を集約化（※）して林業経営の規模を拡大し、生産性と効率性を高めていくことも1つの方法です。

しかし、「林地の集約化」には、非常に大きな困難を伴います。なぜなら、日本の森林所有者は小規模で、かつ分散的だからです。概して、所有地はほかの所有者の土地と入り組んだ状態になっています。

こうした所有構造は、林業の大きな妨げとなります。例えば、ある製材工場でまとまった量の丸太を必要とする場合、その量が生産可能な林地面積があればよいのですが、足りない場合は、多くの森林所有者と交渉する必要が生じます。また、大型機械を動かすための作業道を整備する場合も、各所有者の同意が必要になるために整備が遅滞したりすることもよくあります。

小規模な所有者の林地を取りまとめ、いかに効率的な生産活動を行っていくかということは、国がめざす林業の根底をなす課題だといえます。

利益と負担が明瞭にわかる提案型の林地集約

林地の集約化に成功している事例として有名なのが、京都府南丹市の日吉森林組合です。組合員は約1000人、職員は20人余りと、組織の規模は大きくありません。しかし、林地の集約化によって、最近の25年間程で、300～400haと元々の10倍にまで事業面積を伸ばしています。さらに、林道や作業道の**路網密度**も1ha当たり約33mと、全国平均の10倍近い値となり、**高性能林業機械**を効率的に運用できるように路網が整備されています。

この成功は「森林プラン」の作成がもたらしました。森林の面積・林齢・現況写真と、整備に必要な作業道計画、間伐などの保育費用、売上予想額など、整備を請け負うための計画書であり見積書です。

整備委託事業を〝見える化〟し、森林所有者に提案していく「提案型集約化施業」は、林地集約化の1つのモデルとなっています。

※ここでいう「集約化」とは、林業生産の委託を通じて小規模な林地をまとめ、効率的に作業を行えるようにすることを指す。

路網密度
→100ページ
高性能林業機械
→98ページ

6 林業生産のこれからを考える②　～自伐型林業～

自然にも経済的にも負担の少ない自伐型林業とは？

前項で紹介した林地の集約化による事業規模の拡大は、森林所有者が森林組合をはじめとする林業経営体に施業を委託しますから、結果、「所有と施業の分離」が進んでいきます。

これとは逆に、所有と施業を一体にした林業のあり方にも注目が集まっています。所有者が自ら樹木を伐出することから、「自伐型林業」と呼ばれます。

自伐型林業においては、小規模な林家がおのおの施業するため、林地は集約化の方向には進まず、分散します。また、限られた林地で、かつ限られた労働力で施業するため、生産性も高くはありません。しかし、集約型の大規模林業のように、高額な**高性能林業機械**を導入する必要はなく、路網整備も最低限で済みます。なにより、委託費がかからず、自分の森林所有地でマイペースに作業することができますから、林業を副業にすることもできます。

自伐型林業は、国がめざす集約型の林業経営とは真逆の発想ですが、地域一体となってこの林業方式に取り組み、地域活性化につなげている事例があります。高知県いの町のＮＰＯ法人「土佐の森・救援隊」（以下、土佐の森）です。

薪・木質バイオマスへの利用が成功のカギ

まず、森林所有者（林家）と土佐の森が森林整備に関する協定を結び、森林所有者は、ほかの林家や森林ボランティアといっしょに間伐や材木の搬出を行います。搬出した間伐材は、建築用材になるＡ材、合板用材向けのＢ材、端材や枝葉など林地残材のＣ材に分類され、Ａ材・Ｂ材は原木市場や**製材**所に販売し、その売上は作業にかかる経費を除いて山林の

用語

高性能林業機械
→98ページ

製材
→114ページ

所有者に支払われます。また、作業に従事した所有者以外の人には、C材の売上が分配されます。

ここで重要になってくるのが、C材の販売先が担保されていることです。主に薪として販売しており、土佐の森では「薪倶楽部」というボランティアグループを立ち上げ、薪用の原木の伐採から、加工・乾燥、販売まで行い、地域の旅館や温浴施設、老人施設などにも薪の利用をはたらきかけています。

また、薪は販売価格が安価なため、作業従事者にはC材の売上金の分配に加え、「モリ券」という地域通貨が配布されます。「モリ券」は土佐の森の活動に賛同した地元企業の協賛金や自治体の地域振興事業などを原資に、土佐の森が発行している地域通貨で、地元の商店などで使えます。

このように、森林所有者とボランティアによって樹木を伐出し、メインとなるA材・B材の売上は森林所有者に、**木質バイオマス**として地域ぐるみの需要があるC材の売上はボランティアに分配し、さらに地域通貨で補完する、というしくみです。

自伐型林業の多くは、生計が立てられるほどの収入が得られるわけではありません。しかし、山の手入れを無理なく行いながら、副収入も得られるため、林業を無理なく継続的に施業できる利点があります。

兼業としての林家をとらえ直す

自伐型林業はコストが低い反面、収益も低いことから、兼業が前提となります。農家や漁家であれば、天災などによるリスクを分散できますし、重機や資材の併用もできて初期投資が抑えられます。

かつて、山と人々の生活は一体のものでした。柴山を地域住民が共同で管理し、そこから得られる資源を、燃料や田畑の肥料として利用してきました。自伐型林業は、まさに近代化以前の林業を現代に生かしたものだといえます。

小規模だからこそ、持続的な林業経営と地域活性化につながる方法として、今後、ますます広がりをみせていくでしょう。

木質バイオマス
↓166ページ

7 温暖化防止に向けた森林の果たす役割

高まる温暖化防止への期待

内閣府では、3～4年ごとに「森林と生活に関する世論調査」を実施しています。かつては「木材を生産する働き」が上位を占めていましたが、外材輸入の増加や木材価格の低落により、順位を下げてきました。2000年代に入ると、戦後に植林した森林の伐期が訪れ、各地で木材のブランド化、国産材使用の促進が図られ徐々に順位を回復しています。

調査開始以来、「山崩れや洪水などの災害を防止する働き」が第1位を占めていましたが近年、期待を高めているのが、「二酸化炭素を吸収することにより、地球温暖化防止に貢献する働き」です。

樹木は大気中の二酸化炭素を吸収するため、地球温暖化防止に大きな役割を果たしていることが知られています。1世帯当たりの二酸化炭素の排出量は、年間約5270kgで、適切に管理されている40年生のスギ、約600本分が1年間に吸収する量と試算されています（林野庁HP）。

国際的取り組みと森林管理

温暖化防止に向けて森林に注目が集まるようになったのは、1997年に採択された「**京都議定書**」の影響が考えられます。2005年に発効し、08～12年を第一約束期間として定め、締約国の**温室効果ガス**総排出量を、基準年の1990年から少なくとも5・2%削減することが規定されました。日本は6%の削減が求められ、うち森林吸収量は基準年の総排出量（12億6100万CO_2t）の3・8%に相当する量（4770万CO_2t）とされました。

京都議定書で認められる森林は、1990年以降に「新規植林」「再植林」「林業経営」などの人為活

用語

京都議定書
京都で開催された「国連気候変動枠組条約第3回締約国会議（COP3）」で採択されたもので、締約国にCO_2をはじめとする6種類の温室効果ガスの削減と抑制を義務づけ、達成時期を定めた。

温室効果ガス
→135ページ

国民が森林に期待する役割の変遷

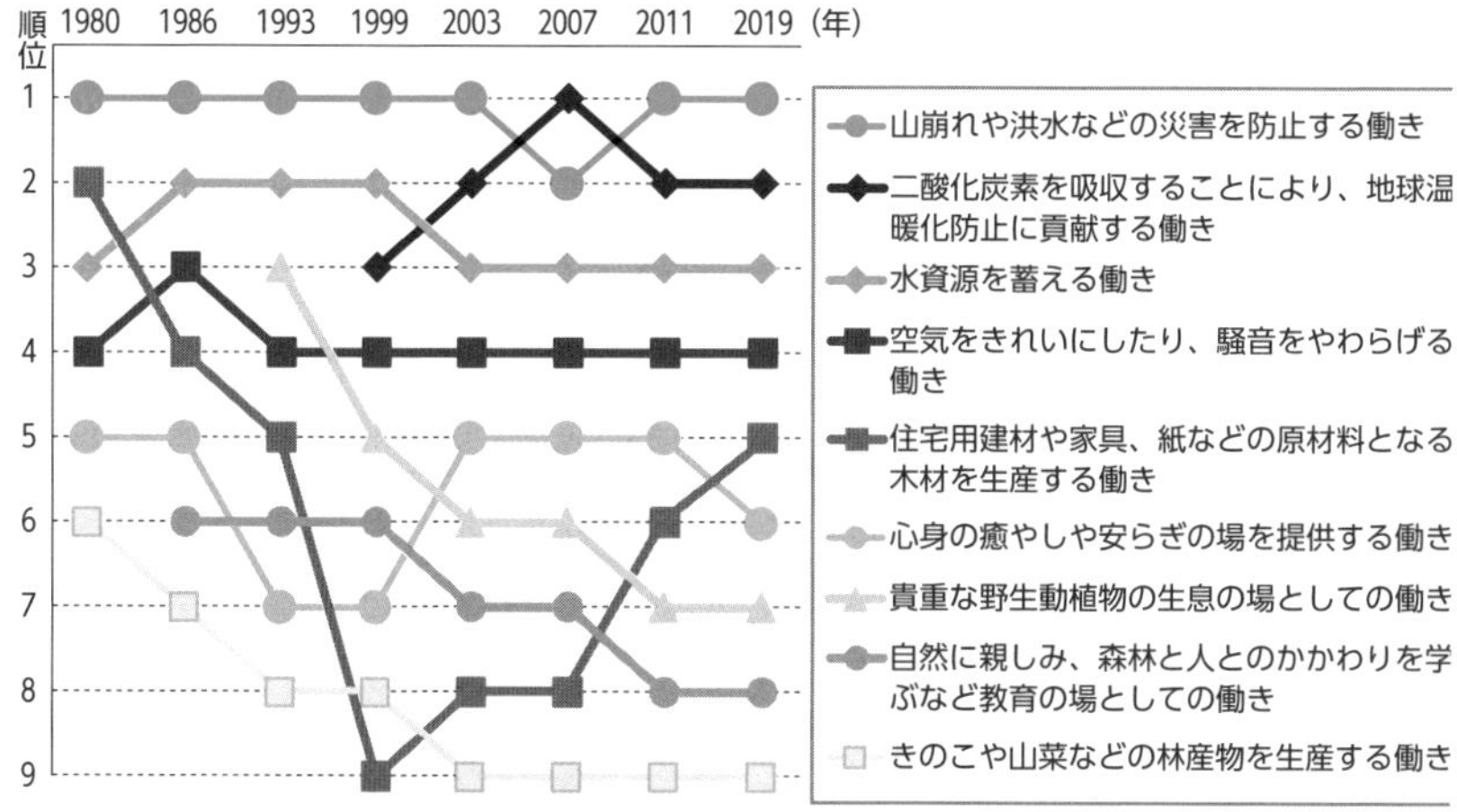

注1：回答は、選択肢の中から3つを選ぶ複数回答である。
　2：選択肢は、特にない、わからない、その他を除き記載している。
資料：総理府「森林・林業に関する世論調査」（昭和55(1980)年）、「みどりと木に関する世論調査」（昭和61(1986)年）、「森林とみどりに関する世論調査」（平成5(1993)年）、「森林と生活に関する世論調査」（平成11(1999)年）、内閣府「森林と生活に関する世論調査」（平成15(2003)年、平成19(2007)年、平成23(2011)年、令和元(2019)年）を基に林野庁作成。

温室効果ガス削減目標（2020年度）における森林吸収源対策の位置づけ

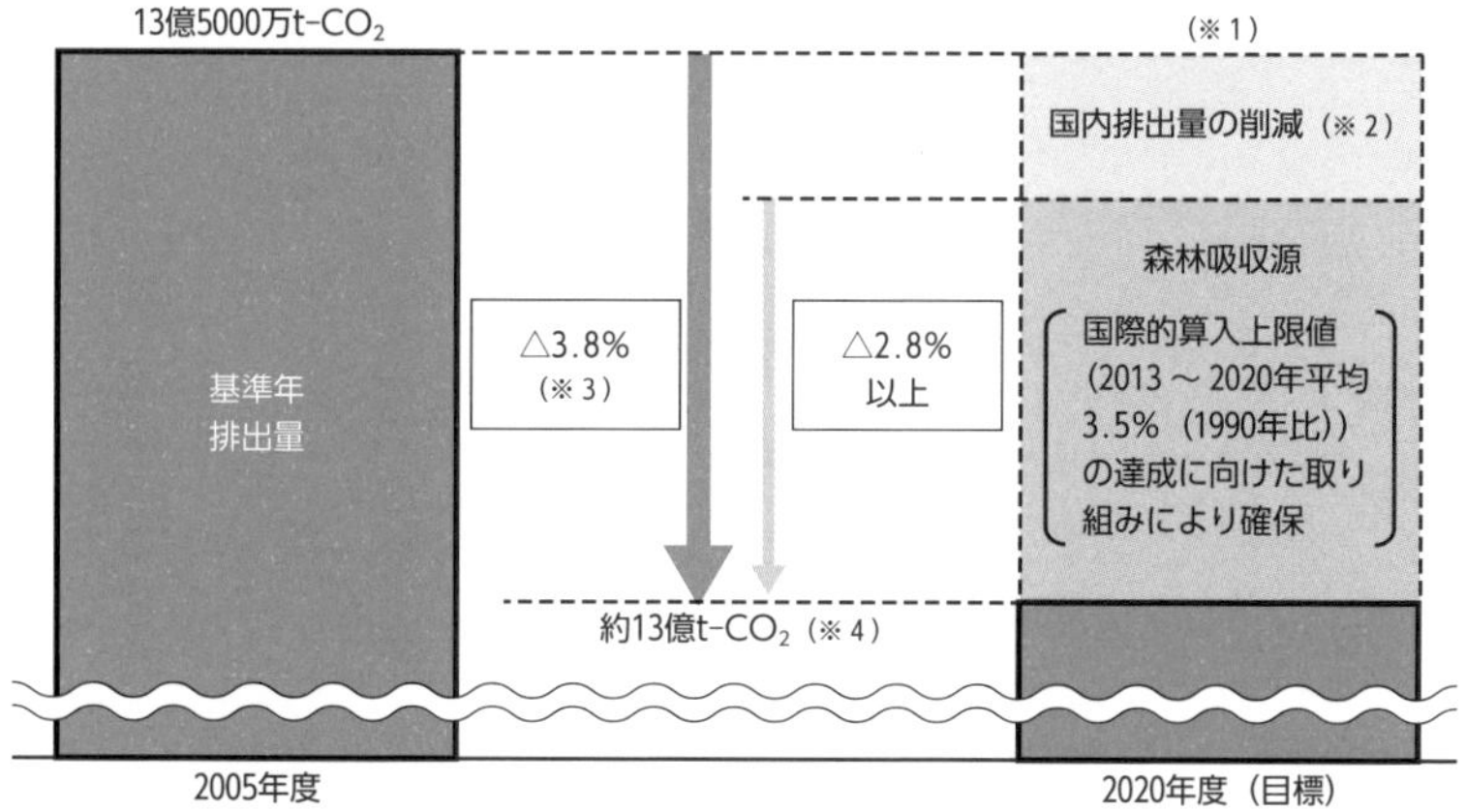

※1：国内排出量の削減には、基準年排出量からの削減（図中の薄いアミカケ部分）のみならず、基準年以降に経済成長等により増加すると想定される排出量に相当する分の削減も必要となる。
　2：基準年以降に経済成長等により増加すると想定される排出量に相当する分の削減を含まない。
　3：原子力発電による温室効果ガスの削減効果を含めずに設定した目標。
　4：基準年排出量より試算。
資料：林野庁HP

動が行われた森林を指します。新たな森林造成が限られている日本においては、ほぼ「林業経営」が行われている森林を指し、森林を健全な状態で管理するために、年平均（08～12年）で55万haの間伐が必要でした。この目標は達成され、都市緑化を含めると森林吸収量３・９％の実績となりました。

京都議定書では、13～20年の８年間を第二約束期間としていますが、日本は参加していません。ただし、13年以降も温室効果ガスの削減・抑制の報告が義務づけられており、また13年に開催されたＣＯＰ19において、日本は20年度の目標を05年度比で３・８％削減すると表明しました。うち森林吸収量は２・８％以上を確保するとしましたが、これには年平均で52万haの間伐を実施する必要があります。

さらに、２０１５年のＣＯＰ21では、20年以降の気候変動問題に関する国際協定である「パリ協定」が採択されました。産業革命前からの世界の平均気温上昇を２℃未満に抑え、平均気温上昇１・５℃未満を目指すことが主な内容です。22年現在、１９７の国および地域が協定を締結しています。協定発効に伴い、21～30年の目標達成のためには、日本は毎年45万haの間伐等を実施する必要があるとされています。

今後の森林・林業のあり方をどうするか考える前に、温室効果ガスの削減目標を掲げて森林管理を進めることは、間伐対策のみに偏重するのではないか、という不安の声も挙がっています。しかし、温暖化防止に向けて、森林の果たす役割はいっそう大きなものになっていくでしょう。

カーボンオフセット制度のしくみと課題

「京都議定書」では、「京都メカニズム」と呼ばれる市場メカニズムを活用して地球温暖化を防止する国際制度が定められました(※)。

最近、よく耳にする「カーボンオフセット」というしくみも「京都メカニズム」の１つです。日常生活や経済活動において避けることができないＣO_2をはじめとする温室効果ガスの排出について、まず

※「排出権取引（ＥＴ）」も、その１つ。国家や企業ごとに温室効果ガスの排出枠を定め、排出枠が余った国や企業と、排出枠を超えて排出した国や企業との間で取り引きする制度。排出枠（排出権、クレジット）を金融資産として売買する行為を指す。

できるだけ排出量が減るよう削減努力を行い、どうしても排出される温室効果ガスについては、排出量に見合った温室効果ガスの削減活動に投資することで埋め合わせる（差し引きゼロにする）という考え方です。投資の対象としては、植林事業やクリーンエネルギー事業が代表的です。また、投資ではなく、排出削減量の実績や計画そのものを買い取る「クレジット（排出権）購入」というオフセットの方法もあります。

日本では、省エネ商品への取り替え、冷暖房や照明の管理による節電、廃棄物発電、エコドライブなどが、カーボンオフセットにつながる事例として認証を受けていますが、林業関連では、間伐、持続可能な森林経営、植林が認証の対象になり、2008年からはクレジットが発行されています。

しかし、この制度に対し、削減目標を自力で達成できない場合の逃げ道に使われている、実際に温室効果ガスの削減に結びついているのか不透明な点も多いなど、疑問や批判も根強く存在しています。

カーボンオフセットのしくみ

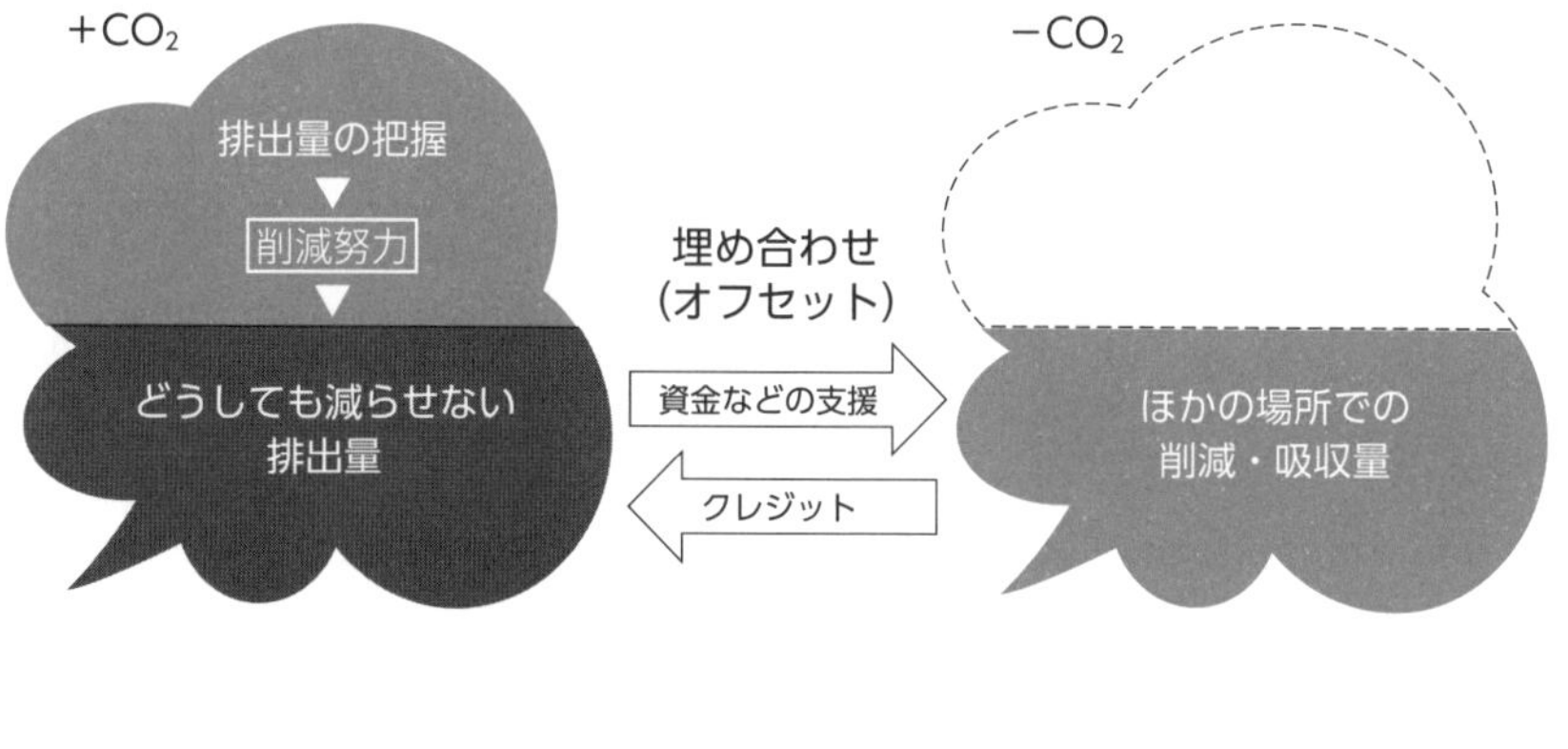

資料：カーボン・オフセットフォーラム HP

8 環境・地域経済にやさしい木材の地産地消

モノの移動が及ぼす環境への負荷

農畜産物の分野で、食料の輸送量と輸送距離を定量的に把握する指標として、「フードマイレージ」という考え方が広がっています。1994年にイギリスの消費者運動家ティム・ラングが提唱し、生産地から消費地までの距離が短い方が輸送に伴う環境への負荷が少ないという仮説を前提に、「食料輸入重量」×「輸送距離」で表されます。なるべく値が低くなるように、食料自給率を高めて**地産地消**を行うことが、環境にやさしい消費行動である、というわけです。

実は、林業・林産業の分野でもこれと同様の考え方があります。それが「ウッドマイレージ」です。木材の量に木材の産地と消費地までの輸送距離を掛けたもので、その数値が低ければ低いほど、環境への負荷は少ないとされます。

日本の木材自給率は、近年、上昇傾向にあるものの、2021年には約40%であり、残り60%は輸入材に頼っています。同じ輸入品とはいえ、木材は石油や鉄鉱に比べてはるかに環境にやさしい資源です。しかしながら、主要な木材供給国であるカナダ、アメリカ、チリ、オーストラリア、欧州諸国などからの輸送距離を考えると、輸入材を使うことによる環境負荷は少なくないのです。

一方で、中国・韓国・台湾を中心に、国産材の輸出が伸びています。国が農畜産物の輸出拡大をめざす中、国産材の輸出が伸びていることは一見、喜ばしいことのように思えます。しかし、ウッドマイレージの考え方に基づけば、国産材の販売先を海外に求めるのではなく、国内で消費したほうが環境にはやさしいのです。いわば、木材の地産地消です。

用語

地産地消
様々な生産物や資源(主に農林水産物)を生産地域内で消費すること。地域生産地域消費の略語。身土不二の理念に通じる。

木材の地産地消を広げるには地場産業の振興がカギ

しかし、木材の地産地消は農畜産物に比べて難しい点がいくつもあります。例えば、伐出したばかりの木材は、とりたての野菜や果物のように鮮度のよさが商品価値に直接結びつくわけではありません。また、農畜産物は購入したらそのまま食べたり、家庭で手軽に調理したりできますが、伐出したばかりの木材は素材（丸太）ですから、消費者個人がすぐに加工できるのは、せいぜい薪くらいでしょう。

木材版の地産地消は、「地材地消」や「地材地住」とも呼ばれます。丸太のままでは、地元で消費される量もごく限られることから、地元で伐り出した丸太を建材に加工し、その建材を使って地元に住宅を建てて住む、または家具を製作して地元で使う、という意味が付加された言葉です。

つまり、森林を育て、丸太を**製材**し、建材などに加工し、さらに住宅や家具の形にしていくという、一連の工程ができるように、地元の林業・林産業の各企業・団体の連携が必要となります。木材の地産地消には地場産業の振興が重要なのです。

地場産業は同じ自然条件、同じ歴史を共有している一定の地域内で、地元資本が地域の伝統的な技術と地元の労働力によって製品を製造するのが特徴です。住宅の設計・施工、家具のデザイン・製作など一部を外部に委託してもよいかもしれません。しかし、一連の工程を地域内で行うことにより、その土地の気候風土に合った、オリジナリティあふれる家や家具ができます。木材の地産地消は、１６８ページの伝統工芸品の振興とも通じるものがあるのではないでしょうか。

関心の高まる「顔の見える木材での家づくり」

近年、安全・安心で環境にもやさしい住宅に強い関心をもつ人を中心に、地元の木材で家を建てたいという志向が高くなってきています。

従来の家づくりでは、森林所有者（生産者）と建て主（消費者）との間は、製材業者、木材販売業者、

製材
→１１４ページ

大工・工務店、代理店など、さまざまな企業・団体を介して施工されており、だれが・どんな環境で・どんな木を生産しているのか、消費者は知るよしもありませんでした。

そこで、森林所有者、製材業者、木材販売業者、大工・工務店など、川上と川下の関係者が一体となって、地元の木材を使って消費者が納得する家づくりができるネットワークの形成が各地域で活発になっています。

こうした取り組みは、家づくりのプロたちと消費者とのつながりが明確で、住宅の木材・建材の産地までわかるため、「顔の見える木材での家づくり」と呼ばれています。

「顔の見える木材での家づくり」を展開するグループ・団体数は年々伸び続けています。多くは地域密着型で、全国各地にみられるようになり、近年では500余りに上っています。こうしたネットワークを活用した家づくりも2015年以降急増し、2万戸近くとなり、消費者の関心の高さがうかがえます。

公共施設や商業施設への木材利用も進んでいる

内閣府の「森林と生活に関する世論調査」(2019年)によると、「どのような施設が木材を利用することが望ましいか」との質問に、上位3位は「保育園などの保育施設や幼稚園、小・中学校などの教育施設」が75・6%、「病院などの医療施設や老人ホームなどの福祉施設」が52・0%、「旅館、ホテルなどの宿泊施設」が49・5%でした。

日本では、すでに1985年度から学校施設の木造化や内装の木質化を進めており、2015年度に建設された公立学校施設の17・3%が木造で整備され、非木造の公立学校施設の53・3%で内装の木質化が行われています。また、近年では、ショッピングモールやコンビニエンスストアなども木造で建設するケースがみられます。

公共施設や商業施設といった非住宅分野においても、木材の利用拡大に期待が高まっています。

「顔の見える木材での家づくり」関係者連携のイメージ図

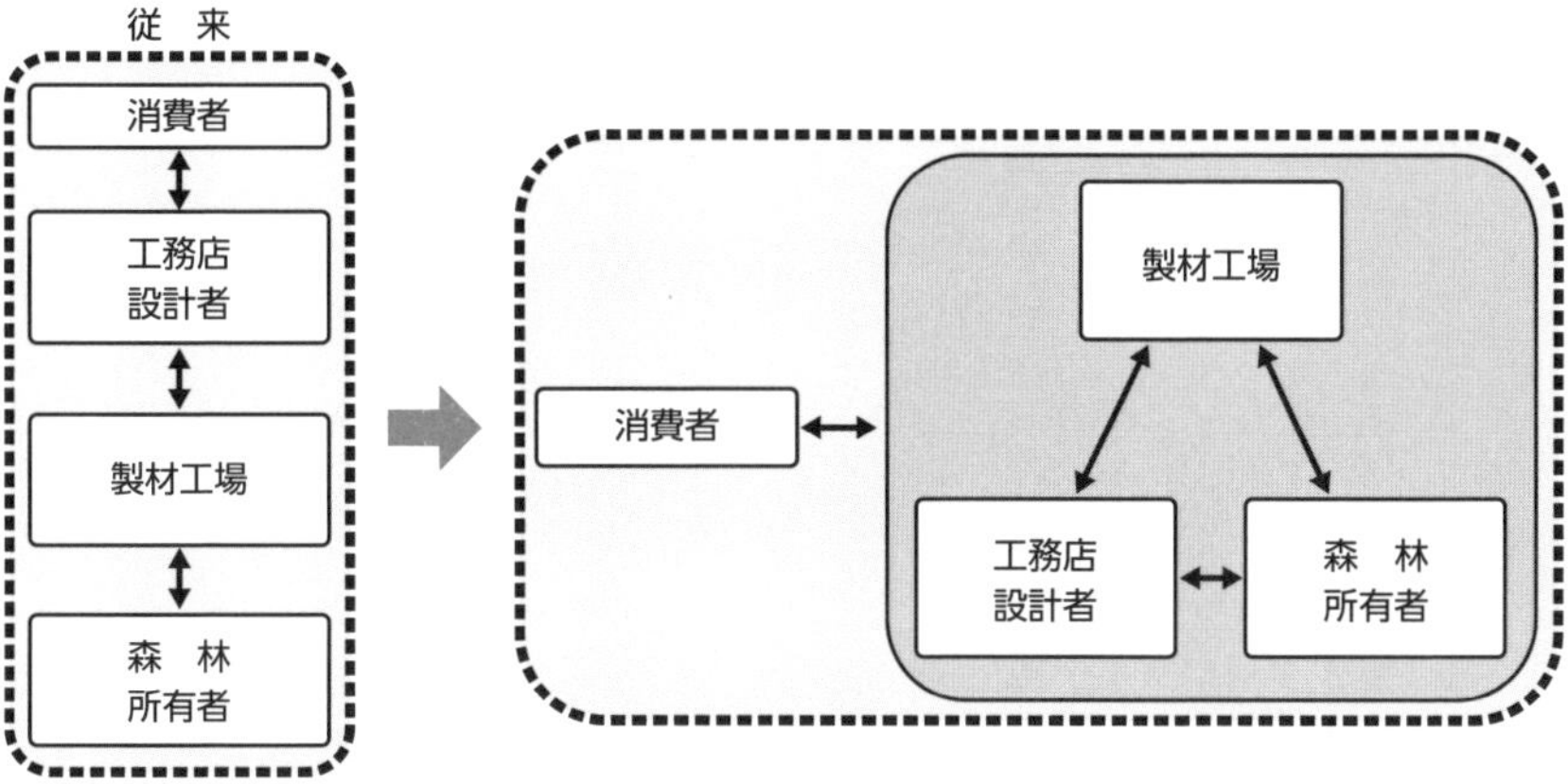

資料：林野庁資料「住宅・建築物への木材利用推進施策について」（2009年）

「顔の見える木材での家づくり」グループ数と供給戸数の推移

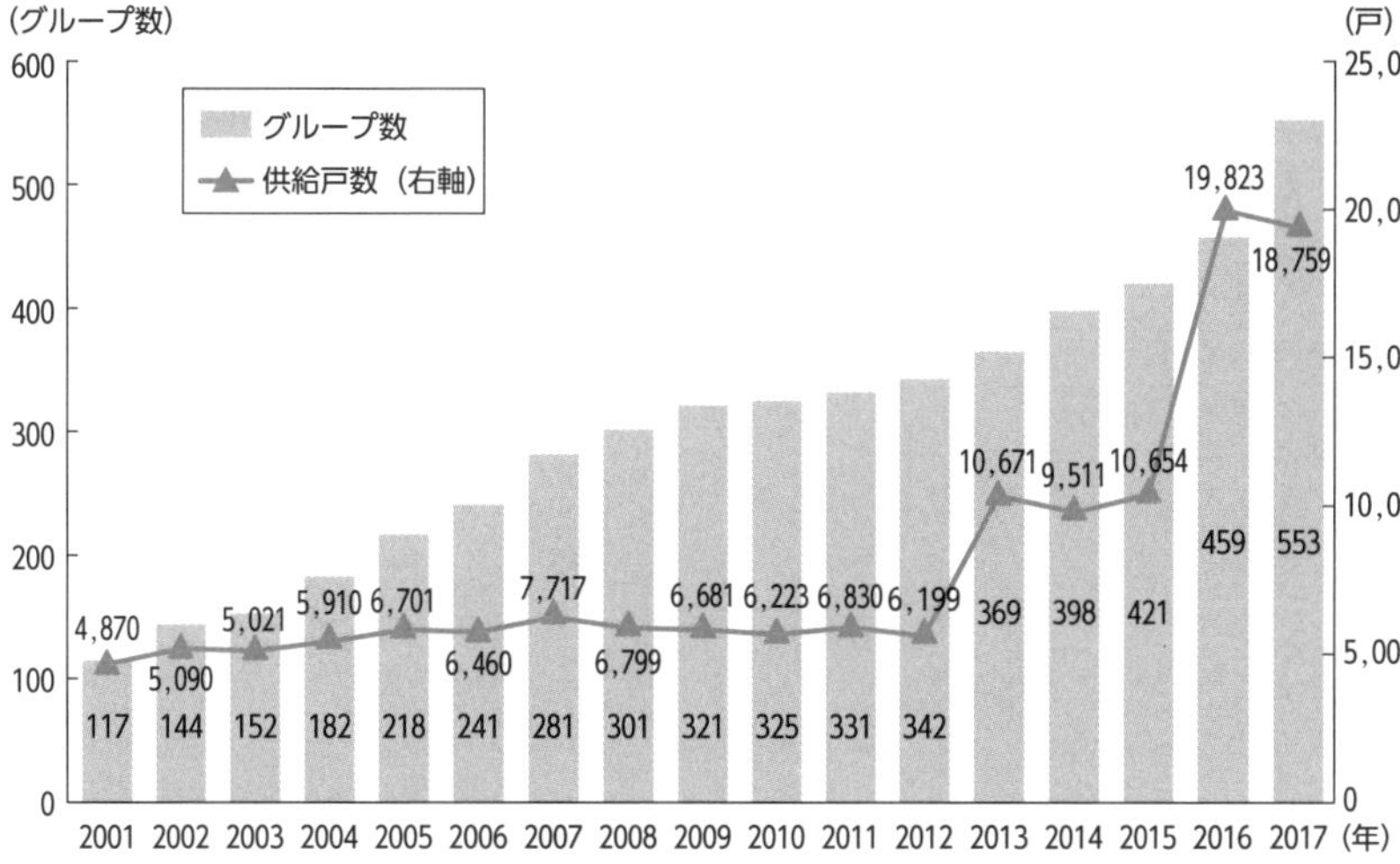

注：供給戸数は前年実績。
資料：林野庁木材産業課調べ

おわりに

「日本の林業に未来はあるのか？」よく林業界で話題になるテーマです。森林所有者の高齢化や林業従事者の減少、長らく続いた木材価格の低迷、「３Ｋ」労働がいまだ改善されないことなど、ただでさえ暗い話題の多い林業に、いったいどんな未来、将来像が描けるのでしょうか。

林業は、数十年あるいは１００年以上と、とても長い年月を要する産業です。同じ第一次産業でも、毎年定期的に収穫があり、予想がしやすい農業との決定的な違いがそこにあります。どんな産業でも長期的な見通しを立てることは難しいものですが、さらに、林業のように先行きの不透明さを抱えながら、長期の視野をもって日々の仕事を担っていくことはとても難しいことです。

現在までに、林業を支援する様々な制度が整備されてきました。代表的なものとして「森林認証制度」があります。これは、適正に管理された森林をきちんと第三者機関が評価してくれる制度で、そのように適正に管理された森林から産出された木材には認証マークが付与されます。このほかにも、本書で紹介したように木材に関する様々な認証制度が整備されており、このような〝お墨付き〟を得ることによって、個々の林家が自ら森林経営の指針を考え、販売・流通においても有利になるようにしています。

林業といえば、これまで丸太（木材）生産が主たる目的でした。しかし、現在は環境保全機能が発揮できる、多様な生物がすむ環境をつくる、人々に健康や安らぎを与えてくれる場をつくるというように、林業が果たす役割、そして林業に対する人々の期待は多様な範囲に広がっています。

「木材を生産しない森林など、不要なのではないか?」

林業が長らく低迷を続けているなか、そんな意見も広がっています。しかし、手入れをしない森林が私たちの暮らしにどんな悪影響を及ぼすか、論を待たないでしょう。

秀麗な木材を生産する森林はもちろんのこと、土砂崩れや水害などを防ぐ働きをもつ森林、貴重な動植物を育む森林、レクリエーションが楽しめて保健休養機能の高い森林など、全国各地で様々な個性のある森林づくりが模索されています。

めざすべき森林、そして林業のかたちは1つではありません。個性ある魅力的な森林をつくるためにも、これからの林業にはますます幅広い多様な視点、目的、価値観が求められているのではないでしょうか。

執筆者を代表して　上原 巌

2023年6月

ま行

や行

ら・わ行

た行

な行

は行

さ行

索　引

●監修者紹介

関岡東生（せきおか・はるお）

東京農業大学地域環境科学部森林総合科学科教授。専門は、森林政策学、森林教育学、森林文化論。1965 年、東京都生まれ。1995 年、東京農業大学大学院農学研究科林学専攻修了。博士（林学）。日本森林学会・日本環境教育学会・日本野外教育学会・日本農業教育学会・林業経済学会他に所属。著書（共著·監修含む）に、『日本の森林と林業』（大日本山林会 2011 年）、『森林づくりの四季1・2』（上毛新聞社 2011 年）、『木力検定③』（海青社 2014 年）、『第五版　森林総合科学用語辞典』（東京農大出版会 2023 年）など。

●主要参考文献

・関岡東生監修『第五版　森林総合科学用語辞典』（東京農大出版会 2023 年）
・永田信『林政学講義』（東京大学出版会 2015 年）
・立花敏・久保山裕史・井上雅文・東原貴志『木力検定③』（海青社 2014 年）
・「農業と経済」編集委員会監修『キーワードで読みとく現代農業と食料・環境』（昭和堂 2011 年）
・赤堀楠雄『図解入門 よくわかる最新木材のきほんと用途』（秀和システム 2009 年）
・小澤普照監修・岩本恵三著『図解 木と木材がわかる本』（日本実業出版社 2008 年）
・林野庁編『森林・林業白書』各年次（全国林業改良普及協会）

●執筆者一覧（人名は五十音順）

・市川 隆（フリーライター）→ P124 ～ 135、P164 ～ 165、P170 ～ 171
・今井伸夫（東京農業大学森林総合科学科准教授）→ P38 ～ 41、P44 ～ 45
・上原 巌（東京農業大学森林総合科学科教授）→ P52 ～ 53、P74 ～ 83、P148 ～ 155
・江口文陽（東京農業大学森林総合科学科教授）→ P138 ～ 139
・大林宏也（東京農業大学森林総合科学科教授）→ P114 ～ 119
・関岡東生（東京農業大学森林総合科学科教授）
→ P12 ～ 25、P72 ～ 73、P84 ～ 89、P92 ～ 95、P104 ～ 105
・武生雅明（東京農業大学地域創成科学科教授）→ P54 ～ 55
・橘 隆一（東京農業大学森林総合科学科教授）→ P42 ～ 43、P50 ～ 51、P156 ～ 157
・田中 恵（東京農業大学森林総合科学科准教授）→ P46 ～ 49
・辻井 寛（静岡県林業普及指導員）→ P158 ～ 159
・堀内正樹（編集・ライター）→ P56 ～ 57、P108 ～ 109
・前川洋平（東京農業大学学術研究員）→ P166 ～ 169
・宮澤紀子（女子栄養大学栄養学部准教授）→ P140 ～ 141
・本橋慶一（東京農業大学国際農業開発学科教授）→ P60 ～ 61
・桃井尊央（東京農業大学森林総合科学科准教授）→ P58 ～ 59、P106 ～ 107、P110 ～ 111
・矢部和弘（東京農業大学森林総合科学科教授）→ P96 ～ 101
・山﨑晃司（東京農業大学森林総合科学科教授）→ P142 ～ 147
・吉野 聡（東京農業大学森林総合科学科准教授）→ P64 ～ 71、P90 ～ 91

● STAFF

・装丁／宮坂佳枝
・本文レイアウト・DTP製作／㈱新後閑

最新版 図解 知識ゼロからの林業入門

2024年6月15日　　第2刷発行

監修者　関岡東生
発行者　木下春雄
発行所　一般社団法人 家の光協会
〒162-8448　東京都新宿区市谷船河原町 11
電　話　03-3266-9029（販売）
　　　　03-3266-9028（編集）
振　替　00150-1-4724

印　刷　日新印刷株式会社
製　本　日新印刷株式会社

乱丁・落丁本はお取り替えいたします。定価はカバーに表示してあります。

ISBN978-4-259-51875-2 C0061